谨将此书献给：

喜欢大自然的普通旅行者、青少年，地质地理专业学生，中学地理教师，宝石、陨石、奇石、化石收藏爱好者，部分章节后面的“进一步阅读”满足深入阅读的大学地理老师和地质专业人士。

美景奇观中的地质学

[加]丁 毅 著

河北科学技术出版社
·石家庄·

图书在版编目（CIP）数据

美景奇观中的地质学 /（加）丁毅著 . -- 石家庄：河北科学技术出版社，2022.11（2023.3 重印）
ISBN 978-7-5717-1276-1

Ⅰ . ①美… Ⅱ . ①丁… Ⅲ . ①地质学－青少年读物 Ⅳ . ① P5-49

中国版本图书馆 CIP 数据核字 (2022) 第 188009 号

美景奇观中的地质学
[加]丁 毅 著

出版发行 河北科学技术出版社
地　　址 石家庄市友谊北大街330号(邮编:050061)
经　　销 新华书店
印　　刷 河北万卷印刷有限公司
开　　本 787毫米x1092毫米 1/16
印　　张 12.25
字　　数 168千字
版　　次 2022年11月第1版
印　　次 2023年3月第2次印刷
定　　价 98.00元

目录 CONTENTS

走进沉积岩区

走进岩浆岩区

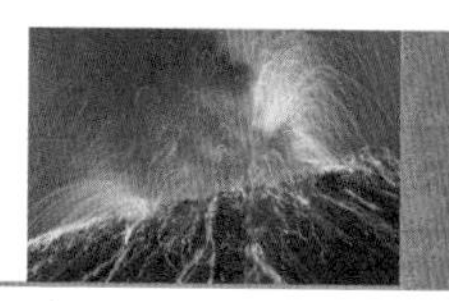

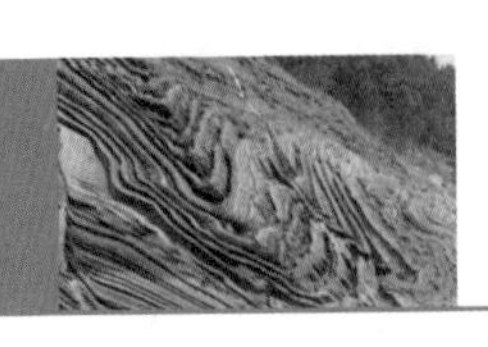

走进变质岩区

走进作者区

石头与岩石

主要内容： 石头与岩石　识别三大岩类　最常见的岩石　矿物　宝石

↘ 石头与岩石

旅行者所见到和捡到的石头，从形状上你可以区分它们是河床里经过冲刷的圆形的“滚石”或者有棱角的“山石”，在地质学中它们全部被称为岩石。它们是远处山体大块石头崩碎后形成的石块，经过风搬运、水搬运和重力沉降，将它们从高处搬运到低处、从上游搬运到下游，因此，我们捡到磨圆的石头都是经过风和水搬运了一定的距离。世界上有上万种不同的岩石，但是按照它们的“出身”（地质学所讲的“成因”）可归为三大岩类，分别是“沉积岩”、“岩浆岩”、“变质岩”。

↘ 识别三大岩类

识别三大岩类无须深奥的学问，旅行者可以通过颜色、层理和岩石中的矿物就可以初步区分了。沉积岩有在颜色和组成矿物上的差异形成的明显层理。岩浆岩的颜色变化不大，也没有丰富的花纹；用天然石材装饰的楼宇墙面和地面，如果能看到细小单位（矿物）组成而且没有层理和条纹的变化，这一般就是岩浆岩。变质岩有深浅条纹和花纹的变化。

↘ 最常见的岩石

在中国旅行中，最常见的几种岩石是花岗岩、玄武岩、石灰岩。花岗岩顾名思义就是又“花”又“刚性”的岩石，因为岩石是由更细小的单位组成，当它们没有遭到风雨侵蚀的时候，即新鲜的岩石是很硬的。花岗岩中的矿物有：白色的和红色的长石，透明无色的石英，黑色和无色的闪闪发亮的云母，所以显得很“花”；玄武是中国古代四大神兽之一，是一种黑色的图腾。玄武岩因最初发现在日本兵库县玄武洞而得名，它是一种颜色在多数情况下呈黑色的火山岩；石灰岩，许多在深山居住的农民称之为“青石”，主要组成矿物是硬度低的方解石。

↘ 矿物

无论是哪一种岩石，当你借助放大镜或不借助放大镜能看到的岩石中更小的单位就是“矿物”。地质学家根据矿物的晶体形状*、颜色、硬度等特征进行矿物的区别和命名。岩浆岩中常见的矿物有长石、石英、云母，其次是橄榄石、辉石、角闪石；变质岩中常见的矿物有辉石、角闪石、长石、石英；沉积岩中常见的矿物有石英、长石、方解石、白云石。在上面这些矿物中，最常见的是石英和长石。一般在地质博物馆展出的都是稀有的、颗粒较大的、晶形标准的、颜色鲜艳的矿物，而在自然界中你所看到的都是颗粒小（大多数自然界的矿物都是不到 2 毫米的小颗粒）、矿物晶体在岩石上仅仅露出一点点的、颜色差或不透明的矿物。

研究矿物是地质学中的一个重要组成部分，是地质学的基础，被称为矿物学*。根据矿物的晶体形状、化学组成、颜色、硬度等特征来区分它们。

↘ 宝石

部分矿物的稀有性、在颜色和透明上的观赏性、硬度高所表现的耐磨性，使它们具有了一定的价值。对宝石没有界限式的定义，当矿物大于 2 毫米、透明和有颜色，并且又有一定硬度时，这样的矿物就称为宝石。而将宝石打磨加工配上“金属托”后就成为戒指了，而打磨好的金刚石再配上“金属托”就成了钻戒。

✦ 许多地质博物馆都展出有萤石（山东平邑县天宇自然博物馆收藏）。萤石颜色鲜艳，是非常好的观赏矿物

世界上发现的宝石有上千种，最常见的只有不到十种，如金刚石、紫水晶、红宝石、蓝宝石、石榴子石、祖母绿等。

☑ 进一步阅读

✦ 巴西大型水晶洞（藏于山东平邑县天宇自然博物馆）

晶体形状：即每种矿物都有特定的长相，因组成元素和元素间相结合的化学键不同而形成特定的晶体形状，如金刚石的十二面体、石英的柱状体、云母呈片状等。

矿物学：是研究矿物的化学成分、化学元素的结合形式、外表形态、物理性质、成因与赋存状态、分类和鉴定，以及探讨矿物形成的原因，进而探讨形成岩石的起源。因此，矿物学是地质学的重要基石。在实际应用中，矿物学的深入研究为采矿、冶炼、选矿建立了基础。在宝石学研究方面，为鉴别真假宝石奠定了理论和实际的基础。

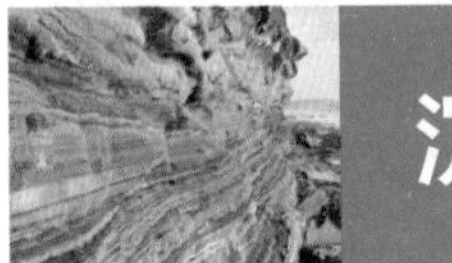

沉积岩

主要内容： 沉积岩和沉积作用　常见的沉积岩　地质年代

↘ 沉积岩和沉积作用

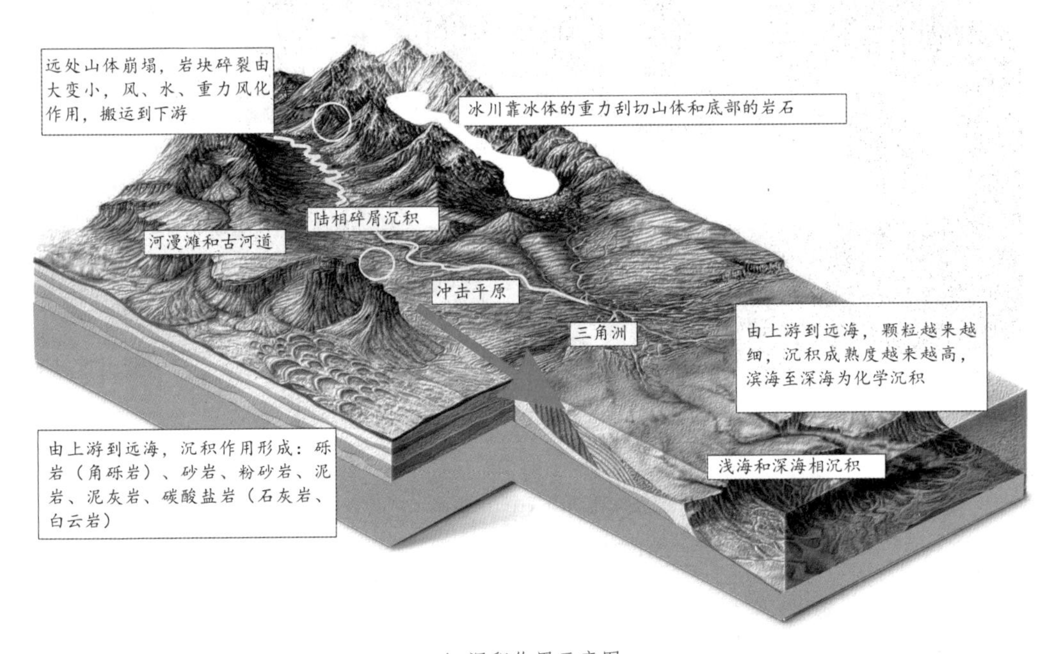

✦ 沉积作用示意图

沉积岩是地球上分布最广泛的岩石。“沉积”顾名思义就是“物质沉淀和堆积”。地质学中描述的整个沉积过程是：山体岩石经过风化剥蚀，大块变为小块，风、水、重力将这些岩石碎块从地势高的地方搬运到地势低的地方。这些碎块在河流变缓的地方沉淀和堆积，它们被更小的碎屑或者化学分子胶结，经过长期的压实作用，就形成了沉积岩。因此，沉积岩显著的特征就是在一个岩石断面上，可以看到由那些大小相当的岩石碎屑组成的层理。距离上游越远，所形成的沉积岩中碎屑颗粒越小，相应的胶结这些碎屑的胶结物也就更小。按沉积环境可分为大陆沉积与海洋沉积两类，前者碎屑颗粒被更小的碎屑所胶结，而海洋

沉积多为化学分子聚集形成 如石灰岩和白云岩, 同属碳酸盐岩类 以碳酸钙为主 点酸起泡。

✦ 河水向下游流动，经常切割和改道（或称为“摇摆”），河水将山体崩塌的碎屑大块变成小块、有棱角的变成圆滑的搬运到下游

✦ 小三峡河道右边陡崖剖面上沉积岩显示出明显的层理

✦ 沉积岩层理剖面

✦ 加拿大 BC 省菲沙河谷

✦ 河流为主的搬运形成的砾石堆积河床，经常会有沙金存在

✦ 具有平行层理的沉积岩块

✦ 沉积岩中不同颜色组成的层理

✦ 河床中具有明显层理的椭圆形石块

↘ 常见的沉积岩

沉积岩有三大类：第一大类是可见碎屑成层的沉积岩，形成环境是陆地河流碎屑沉淀形成的，以“砂岩”为统称，其碎屑大小分明，形成明显的层理。颗粒在 1 ~ 0.004 毫米。

第二大类是沉积岩中的颗粒较小（<0.004 毫米，手摸时没有颗粒感，而有润滑感）。形成环境介于陆地和海洋之间，以“泥质岩或泥岩”统称。当泥质岩层理细薄，像千叶豆腐似的时，称为“页岩”；层理较厚时称为“板岩”。泥质岩中有机物含量高，“美国页岩气革命*”就发生在 20 世纪末。

第三大类是岩石中没有明显的层理，但是以含方解石矿物为主的沉积岩，以“碳酸盐岩”为统称，呈灰色和灰白色，它们是一种海相沉积的化学岩，是烧炼石灰的石灰岩。如果其中含镁元素多时，则岩石呈灰白和浅黄色，称为白云岩。

✦ 北京百望山森林公园内的石灰岩

✦ 美国西部大峡谷（阎海歌摄影）

美国西部大峡谷，全长 446 千米，最深处为 1800 米，这是地球上最为壮丽的景色之一，位于美国亚利桑那州西北部的凯巴布高原上。它是地质学中沉积岩、河流作用、地质年代学的教科书，由科罗拉多河切割沉积岩（读者可以看到一层一层的沉积岩）组成的高原。读者可以想一想 1800 米从上到下的深度，涓涓细流需要多少年才能切割出来，这么长的时间又埋藏了多少化石。

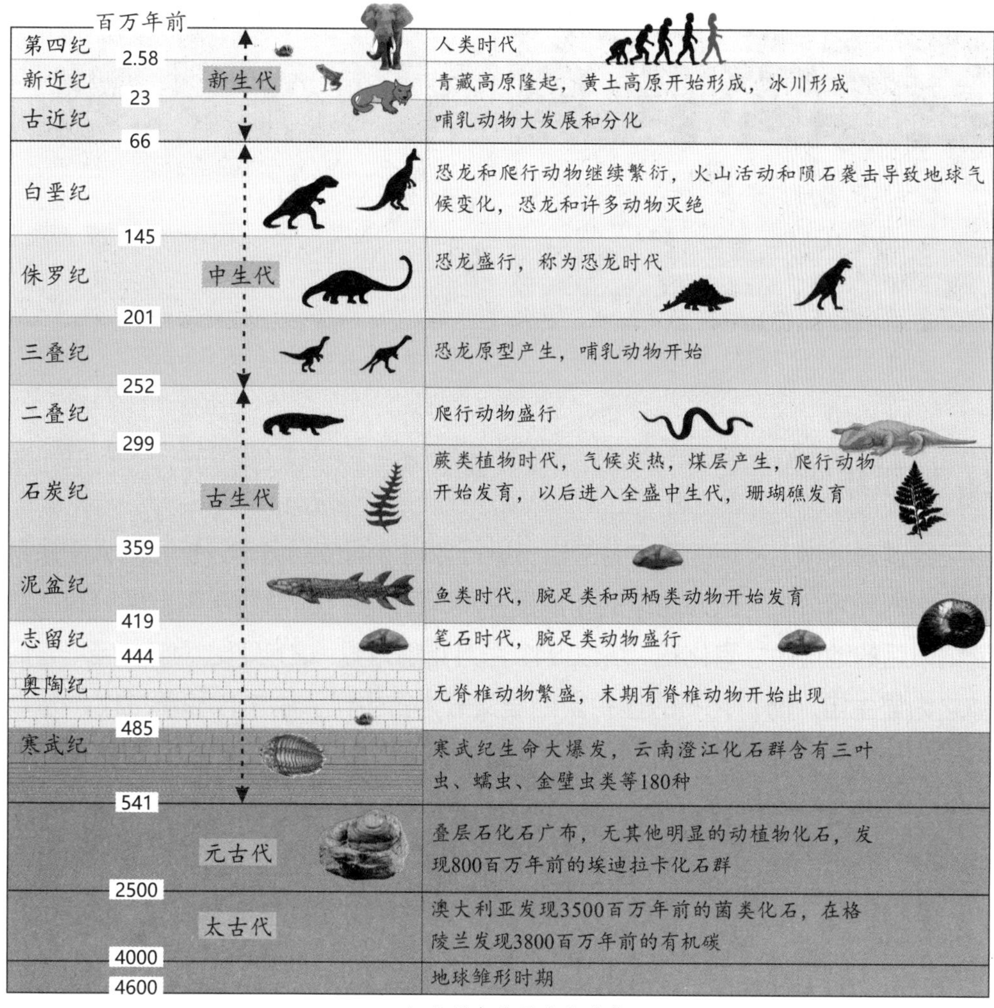

纪	百万年前	代	生物演化
第四纪	2.58	新生代	人类时代
新近纪	23		青藏高原隆起，黄土高原开始形成，冰川形成
古近纪	66		哺乳动物大发展和分化
白垩纪	145	中生代	恐龙和爬行动物继续繁衍，火山活动和陨石袭击导致地球气候变化，恐龙和许多动物灭绝
侏罗纪	201		恐龙盛行，称为恐龙时代
三叠纪	252		恐龙原型产生，哺乳动物开始
二叠纪	299	古生代	爬行动物盛行
石炭纪	359		蕨类植物时代，气候炎热，煤层产生，爬行动物开始发育，以后进入全盛中生代，珊瑚礁发育
泥盆纪	419		鱼类时代，腕足类和两栖类动物开始发育
志留纪	444		笔石时代，腕足类动物盛行
奥陶纪	485		无脊椎动物繁盛，末期有脊椎动物开始出现
寒武纪	541		寒武纪生命大爆发，云南澄江化石群含有三叶虫、蠕虫、金壁虫类等180种
	2500	元古代	叠层石化石广布，无其他明显的动植物化石，发现800百万年前的埃迪拉卡化石群
	4000	太古代	澳大利亚发现3500百万年前的菌类化石，在格陵兰发现3800百万年前的有机碳
	4600		地球雏形时期

✦ 地质年代及生物演化

✦ 三叶虫化石

✦ 腕足类化石

✦ 澳大利亚 20 亿年前的叠层石

✦ 叠层石化石的横截面照片（石家庄市井陉县）

↘ 地质年代

经过对地球上发现的最古老的岩石进行放射性同位素测年分析和对太阳系其他行星的元素分析，认为地球的年龄是 4600 百万年，而地质学家发现只有在寒武纪以后的地层中才有化石，所以 541 百万年前为界，之前称之为隐生宙，之后称之为显生宙。而有化石的显生宙地层又分为古生代、中生代和新生代。

地质学的许多惊天发现都来自沉积岩地区，这是因为沉积岩形成的环境是河流、潟湖、湖泊、近海、远海、盆地、沼泽等动植物、人类等赖以生存的环境。因此，现在的沉积岩中有 5.41 亿年前的三叶虫、菊石（地质年代称之为：寒武纪—奥陶纪）、2.01 亿 ~ 0.66 亿年前的恐龙化石（地质年代称之为：侏罗纪—白垩纪），乃至近代的古人类化石，各个时期的岩层中都有许多动植物化石。有的化石发现非常有价值，经过专业工作者的鉴定可能是非常重要的发现，将改变科学对人类演化的认识。

古生代分为寒武纪、奥陶纪、志留纪、泥盆纪、石炭纪和二叠纪；中生代分为三叠纪、侏罗纪和白垩纪；新生代分为古近纪、新近纪和第四纪。

在各个不同时期的地层里，都保存有古代动植物的标准化石。各类动植物化石出现的早晚是有一定顺序的，越是低等的，出现得越早，因此，在地层剖面的最下边（如果没有发生强烈的构造运动使得地层倒转的话）；越是高等的动植物，出现得越晚，在地层剖面的最上边。因此，这种地层的上下关系所确定的地层年代用“老”和“新”来区分，称之为“相对地质年龄”。

每个地质年代单位应为开始于距今多少年前，结束于距今多少年前，这样便

可计算出共延续多少年。例如，中生代始于距今 2.52 亿年前，止于 0.66 亿年前，延续 1.86 亿年。

在地质学中，用“绝对地质年龄”来进行测量地层的年龄，是根据岩石所含矿物中某种放射性元素的量及其蜕变生成元素的含量，而计算出岩石生成后距今的实际年数，称之为“放射性同位素测年法*”。

☑ 进一步阅读

页岩气革命：始于 20 世纪末的美国，油气开采技术出现两大创新：水力压裂法和水平钻井技术。页岩气产量从 2000 年的 110.5 亿立方米提高到 2012 年的 240,800 亿立方米。页岩气在美国天然气产量中的比例已由 2% 上升至 37%。如今，美国已经超越俄罗斯成为全球最大的天然气生产国，对区域政治关系和全球能源分布有较大的影响。

哺乳动物：以幼仔吸母乳而长大的高等动物。哺乳动物以皮毛保持体温的恒定来适应各种复杂的生存环境，它们的大脑发达以至于产生比其他动物更为复杂的行为，并能不断地改变自己的行为以适应外界环境的变化。世界上现存的哺乳动物有 4000 多种。

种子植物：是指由种子繁殖的植物，具有胚、胚乳、种皮，包括裸子植物（胚珠裸露，没有果实）和被子植物（开花的植物，胚珠发育成种子，有果实）。

放射性同位素测年法：基本原理是：岩石形成含有一定量的具有放射性的母元素，时间越长，母元素就变得越少，而蜕变形成的子元素则逐渐增多，这样两个母子元素被称之为同位素。随着时间的推移，它们的比值在变化，只要测定母体同位素与子体同位素之比，利用该比值就可根据公式计算出产生子元素量所需要的时间，就是岩石的年龄。目前，同位素测年比较成熟的方法有：U–Pb，Rb–Sr，K–Ar，Ar–Ar，C14 法。这些成对同位素的半衰期不同，因此，应用于年代变化的范围也不同，正确选择成对元素直接影响测量的精度。

中国著名的化石群

主要内容： 什么是化石　无脊椎动物和泥盆纪　轰动世界的化石群发现　生物大灭绝　京西硅化木群

↘ 什么是化石

动物和植物死亡后，风和水搬运的岩石碎屑迅速地掩埋它们的尸体和植物的根枝叶等，从而它们被保留在沉积岩中，这些不易腐烂的骨骼和根茎甚至树叶的细脉就成了化石。植物化石包括根、木、叶、种子、果实、花粉、孢子和琥珀。

因自 5.41 亿年前的生命大爆发至今，动植物演化阶段不同，在不同时代地层中保存的化石种类也不一样。存在寒武纪（5.41 亿 ~ 4.85 亿年前）地层中最早的植物化石是绿藻；有胚植物*开始于奥陶纪 (4.85 亿 ~ 4.44 亿年前)，如"刺石松"；泥盆纪（4.19 亿 ~ 3.59 亿年前）之后出现了被认为是最古老树木的植物"古羊齿属"，树干上有蕨叶。古生代时期的石炭纪植物繁茂，植物是形成煤系地层的重要物质来源，所以，有的经济学家把石油和煤称化石能源。

在中生代和新生代地层中，都可以发现松柏和开花植物的根、茎及枝干的化石。硅化木也被称为石化木，在全世界的许多地区被发现，硅质充填在树干中，成为很硬又稳的树墩。北京西郊百望山森林公园摆放着成群的硅化木，是距离市中心最近的具有硅化木群的公园。

化石对于追溯动植物的发展演化是有用的，因为在较老的岩石中的化石通常是原始的和较简单的，而在年代较新的岩石中比老地层所出现的相同和相似种属的化石就更高级和复杂。某些化石作为环境的指示物很有价值，例如，造礁珊瑚似乎总是生活在与今天相似的条件下。因此，如果地质学家找到了珊瑚礁化石 — 珊瑚最初被埋藏的地方，就可以有理由地认为，这些含有珊瑚的岩石形成于类似当今的相当浅而温暖的海中。这能帮助科学家了解古海的环境。

根据前面沉积岩形成的讲解，读者能知道：岩石层位在下面的年代更老，越

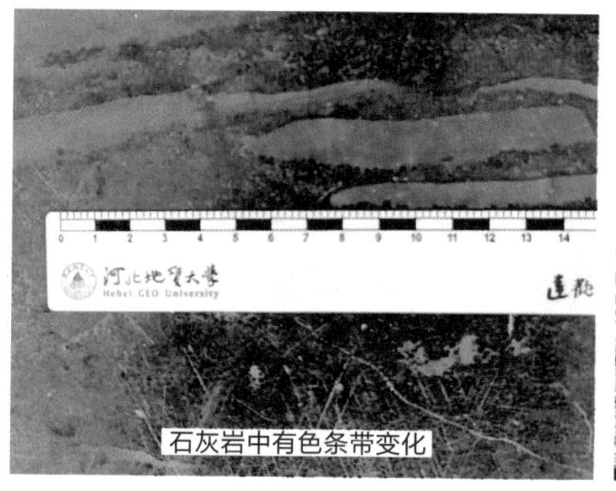

✦ 石灰岩中的条带状构造（石家庄）

上面越新。化石存在某一层位记录了动物或植物的生存的年代，从而地质学家就了解了一个地区的地层演化历史和构造历史。比如，盆地是下降接受沉积碎屑了还是盆地抬升遭遇风化剥蚀了；也可以在一个层位建立标志化石，进行全世界各个大陆的对比。有的化石在地质历史上生存的时间相当短，但却在各大洲都有分布，这种具有代表意义的化石被称为指示化石。微体古生物化石（介形虫、孢子和花粉）是地质学的一个重要分支，从世界各地露出岩层或钻孔岩芯中的这些微体化石具有对比意义，可以判别它们所处的岩层年代。

↘ 无脊椎动物和泥盆纪

无脊椎动物是指在背侧没有脊柱的动物，它们是动物的原始形式。包括地层中的棘皮动物、软体动物、扁形动物、环节动物、腔肠动物、节肢动物、线形动物等。无脊椎动物学中包括原生动物学、蠕虫学、昆虫学、软体动物学、甲壳动物学等。泥盆纪 (4.19 亿 ~ 3.59 亿年前) 时期也称鱼类时代，鱼类开始发展骨骼，是最早的有脊椎标志。

↘ 轰动世界的化石群发现

1909 年，在加拿大发现了布尔吉斯生物群，这层地层的主要岩石是加拿大西海岸的落基山脉的黑色页岩（地层年代约 5.05 亿年前），当时轰动了整个世界。地层中有上千种化石，以生物软组织化石群闻名于世。加拿大在发现地建立了国家地质公园 Yoho National Park，它是世界上最著名的以化石群为主题的国家公园，已被联合国列为科学遗址。

科学家在全球许多地方都发现了寒武纪生命大爆发生物群。例如：中国的云南澄江生物群、贵州凯里生物群、湖北清江生物群。澄江生物群形成于5.3亿年前，这一化石群位于云南澄江县的帽天山，是由侯先光先生发现，有藻类、海绵动物、腔肠动物、鳃曳动物、叶足动物、腕足动物、软体动物、节肢动物、棘皮动物、线虫动物、古虫动物、毛颚动物、脊索动物等多个动物门200多种化石。

贵州兴义生物群带着我们走进了距今2.52亿～2.01亿年前的三叠纪，包括幻龙、欧龙、硕齿龙等海生爬行动物，并伴有大量鱼类及其他多门类（菊石、双壳类、腕足类、虾、海百合及牙形石）的化石生物群。这一发现标志着海生爬行动物（恐龙的雏形）向陆生演化开始。可对比的发现还有“关岭生物群”“罗平化石群”“贵州龙化石群”，它们都是二叠纪生物大灭绝之后生命大复苏的重要标志，海底龙开始长了脚，这是“龙”准备登陆的标志。

云南禄丰蜥龙动物群在1938年被发现，生存于距今约1.9亿年前的早侏罗纪。禄丰龙身体结构笨重，体长6～7米，兽脚型。这个动物群位于云南省禄丰县，数量众多、种类齐全、密集度高、跨年代长、保存完整，在世界上具有较高的学术研究价值，堪称世界顶级资源。在禄丰发现的恐龙化石标本达120余具，已经记述命名的就有10个属12个种，脊椎动物化石门类多达24属35种。这些古老的化石含有鱼类、两栖类、龟鳖类、鳄型类、恐龙类和早期的哺乳动物。恐龙在这一地区存在的时间持续了6000万年。

自贡恐龙群是美国地质学家在1913年发现的，科学家把“大山铺”称为恐龙公墓，恐龙的数量多、品种丰富、保存完好，有蜥脚类、兽脚类、鸟脚类、剑龙类等多种恐龙，时代从侏罗纪早期、中期一直到晚期。

热河生物群是1.4亿～2亿年前生活在中国辽西义县、北票、凌源市、喀左县和建平县等地区的生物群，在其后的早白垩世（1.2亿～1.3亿年前）的火山爆发，火山灰尘突然掩埋了它们。保存在这里的化石包括角龙、鹦鹉嘴龙、原始中华龙鸟、驰龙、喀左中国暴龙等；古鸟类，包括圣贤孔子鸟、娇小辽西鸟、有尾华夏鸟、马氏燕鸟等；其他爬行类有翼龙、满洲龟、楔齿满洲鳄等；古哺乳类以攀援始祖兽为代表；古植物有中华古果、支脉蕨生物群。

山旺生物群位于山东省临朐县东部解家河盆地新生代地层。保存有硅藻、孢粉、植物大化石、介形虫、昆虫、鱼类、两栖类、爬行类、鸟类和哺乳类等，代表化石有玄武蛙、临朐蟾蜍、中新原螈、中新蛇、鲁钝吻鳄、山旺鸟、山旺蝙蝠、硅藻鼠、孔氏半熊、三角原古鹿、柄杯鹿、犀类等。

和政动物群位于甘肃和政、广河、东乡、临夏、康乐等地区的新生代地层中。其特点是具有举世罕见的铲齿象和三趾马动物群化石，其数量远远大于整个欧亚大陆已知同时代的任何一个地点的采集数量。

松原市乾安县大布苏第四纪化石群，有狼、棕熊、鬣狗、猛犸象、披毛犀、野驴、普氏野马、王氏水牛、河套大角鹿、野猪等。

✦ 加拿大 Yoho 国家地质公园，在 1909 年发现布尔吉斯生物群

生物大灭绝

自寒武纪以来，曾经有过 40 多亿种动植物，但现今只有几百万种存活下来，99% 的生物灭绝了。“灭绝”指的是动植物种类（及其变化的后代）全部消失，人类只能从它们的化石中判断它们曾经生活在地球上。

第一次物种大灭绝是发生在 4.4 亿年前的奥陶纪末期，又称奥陶纪大灭绝。奥陶纪是历史上海侵最广泛的时期之一，海水广布，在现在许多大陆都能看到石灰岩、白云岩。海洋代表性的无脊椎动物笔石、珊瑚、腕足、海百合等软体动物灭绝，三叶虫、腕足类等 60% 以上的种灭绝。

第二次物种大灭绝，从约 3.65 亿年前的晚泥盆纪至早石炭纪，称为晚泥盆纪大灭绝，腕足、菊石、海百合、层孔虫、竹节石几乎全部灭绝。泥盆纪是脊椎动物飞跃发展的时期，鱼类相当繁盛，故泥盆纪被称为"鱼类的时代"。

第三次物种大灭绝发生在 2.5 亿年前的二叠纪末期，又称二叠纪大灭绝。这是史上最严重的灭绝时期，地球上 90% 的海洋生物和 70% 的陆地脊椎动物灭绝，三叶虫、海蝎以及重要的珊瑚类群全部消失。

第四次生物大灭绝又称发生在三叠纪末期（2.01 亿年前），76% 的生物灭绝。牙形石全部灭绝，菊石类、海生爬行类、腹足类等严重损失。

第五次生物大灭绝又称白垩纪大灭绝或恐龙大灭绝。因为地质时代较新，人类对这次灭绝相对研究较多。白垩纪（1.45 亿 ~ 0.66 亿年前）末期，最有影响的统治地球 1.6 亿年的动物——恐龙灭绝，海洋中的菊石类也一同消失，这些都为哺乳动物及人类的登场提供了机会。科学家证实，白垩纪末期发生过一次或多次陨石袭击地球事件，在中国多地发现的恐龙蛋化石中富含宇宙元素铱（Ir）。陨石撞击使大量的气体和灰尘进入大气层，以至于阳光不能穿透，全球温度急剧下降，黑云遮蔽地球长达数年之久，植物不能从阳光中获得能量，海洋中的藻类和成片的森林逐渐死亡，食物链的基础环节被破坏，大批的动物因饥饿而死，其中就包括陆地的霸主恐龙。美国和墨西哥边境的希克苏鲁伯陨石坑（Chicxulub crater），直径约有 180 千米，在陨石坑附近及美国和加拿大边境都存在铱元素含量高的地层，而且这一地层距离陨石坑越近，其厚度越大。

地质学对前四次生命灭绝事件的原因认识肤浅，现在只是根据沉积岩中大量的化石聚集性地出现，来推断生物在这之前突然发生了部分灭绝和全部灭绝，而这些灭绝往往在较短的地质时代，就又奇迹般地有新物种以爆发式增长的形式出现。恐龙的灭绝转而使得哺乳动物这种更高级的动物登场亮相。

包括人类和其他动植物生活在地球表面的地壳，相对于整个地球来说就像鸡蛋皮这么薄，是非常脆弱的。来自地下汹涌的岩浆和来自宇宙的陨石袭击都有可能改变地球气候，从而导致动植物灭绝。这些无法阻挡的袭击是人类无法回避的，无论是来自地下的岩浆（如：形成德干高原* 厚厚的玄武岩浆带出大量的有毒气体），还是天外陨石袭击地球，都可能造成水汽和烟尘遮挡阳光，当气温在几个月内达到骤冷的环境时，动植物的生存环境会发生改变，整个生物链就

会改变，从而导致生物发生大量死亡甚至灭绝。

↘ 京西硅化木群

北京西郊红山口路上有一处森林公园——百望山森林公园，位于北京市颐和园北3千米处，是距市区最近的森林公园。百望山森林公园面积比颐和园小，北京密云区引水渠绕山而过，森林茂密，植被覆盖率高达95%以上。这里有许多国家名人的书法碑林、碑亭、碑廊，还有“太行前哨第一峰”的美称，是国家3A级旅游景区。

硅化木是古老树木化石，是上百万年的古树埋藏地下，被 SiO_2（二氧化硅）替换形成，保留有树木的木质结构和纹理。颜色有土黄、淡黄、黄褐、灰白等，抛光面可具玻璃光泽。百望山森林公园收藏的硅化木数量，仅次于延庆硅化木地质公园（延庆区城东北部白河附近，有57墩）；百望山森林公园收集的硅化木很有可能来自本地的山里，是距离北京市区最近的硅化木群。

✦ 百望山森林公园进门通道

✦ 百望山森林公园内的硅化木群

✦ 百望山森林公园内的硅化木群

✦ 百望山森林公园内的硅化木群

✦ 百望山森林公园内的硅化木

☑ 进一步阅读

有胚植物："胚"就是"核"的意思，是多个细胞系统构成的复杂组织，具有专门的生殖器官的复杂多细胞真核生物，通过光合作用获取能量，如吸收光，从二氧化碳中生成养料，所以它们又被称为高等植物。

德干高原（Deccan Plateau）：位于印度中部和南部，包括马哈拉施特拉邦、安得拉邦、卡纳塔克邦和泰米尔纳德邦的一部分，是世界上有名的熔岩高原，海拔平均为500～600米，白垩纪时期在印度的西北部大规模玄武岩溢出，厚度达1800米，覆盖面积达40万平方千米，构成世界上最大的熔岩台地。

惊天发现——古人类化石

主要内容：泥河湾遗址　古人类学　在哪里能找到头盖骨

✦ 头盖骨塑像（张欣摄影）

↘ 泥河湾遗址

2019 年 4 月的一天，本书作者拜访自己的老师庞其清教授（古生物专家）。庞其清教授说：如果谁能够在泥河湾附近发现古人类化石，哪怕是一颗牙齿，那也都是轰动世界的发现。是的！在古人类演化史上，有一种观点认为亚洲大陆的人类祖先是由非洲大陆的古人类迁移过来的，因为在非洲发现了大约 700 万年前（新生代新近纪的中新世）的头盖骨，如果在泥河湾发现头盖骨，根据地层推断应当是 200 万年前左右的。

泥河湾是河北省阳原县东部的一个小村庄，位于桑干河上游的阳原盆地。

1978 年，中国考古工作者在泥河湾附近的“小长梁东谷坨”附近，发现了大量的旧石器和哺乳类动物化石。其中包括大量的石核、石片、石器以及制作石器时废弃的石块，证实这里的地层存在“文化地层”，即：这里的沉积岩地层含有很多古人类使用的原始工具，这一地层更接近于近代人类。距今约 200 万年前，远古的人类就活动在这片土地上。

✦ 河北省阳原县泥河湾，自从被科学家发现和报道后，这贫瘠的山村就闻名于世了（张欣摄影）

✦ 河北地质大学庞其清教授带队，地质勘查泥河湾（张欣摄影）

✦ 泥河湾地层又称为“文化层”（张欣摄影）

✦ 远望泥河湾地层（张欣摄影）

✦ 泥河湾“文化层”

✦ 泥河湾“文化层”

↘ 古人类学

古人类学是通过发现和研究古代人类骨骼与古人类化石研究人类起源与发展的一门科学。依据进化论的理论，对古人类化石进行研究，并利用考古学和地域差别对骨骼和石器等人工制品进行鉴定，从而阐述它们对于早期人类体质和智力发展的意义。

↘ 在哪里能找到头盖骨

或许有哪个（些）旅行者，抱着探险的强烈好奇心进入了这个地区，在抬头远眺大自然的地层美景之时，无意间目光所及之处的沉积层（包括石灰岩洞穴）中，可能就有所发现！哪怕只是一颗古人类牙齿的化石，都将举世震惊！你或你们将可能成为新石器古人类文化遗存的发现者！以下是中国有文化层记录的地区：中国北方坝上地区的化德至康保；张家口张北县的左家营；承德丰宁满族自治县的平安堡、石门沟、苏家店北、王家营、苇子沟及邯郸武安市磁山镇。有关更多的地理信息，详见“中国区域地质志河北志。”

这些地区已经发现古人类用玉髓、玛瑙、脉石英等原料做的各种锋利的工具。

沙赫人（Sahelanthropus）头盖骨在非洲乍得被发现，科学家推测生存于700万年前（中新世）。它被称为最古老的人属祖先，是公认的最早的人科动物。

✦ 古人类石质工具

✦ 沙赫人头盖骨

进一步阅读

泥河湾层： 位于河北省阳原县东部，桑干河北岸，化稍营镇的泥河湾村境内，桑干河上游的阳原盆地。1924年，法国古生物学家德日进和桑志华在中国考察，与美国地质学家巴尔博一起来到泥河湾。他们将盆地内的河湖沉积物层命名为泥河湾层，从而拉开了泥河湾盆地科学研究的帷幕。近百年，建立了很多研究课题和来过很多专家和学者，发现了80多处早期人类文化遗存的遗址，出土了数万件古人类化石、动物化石和各种石器，几乎记录了从旧石器时代至新石器时代发展演变的全部过程。

史前文化： 按照年代分为三个时期，分别是"旧石器时代""新石器时代"及"夏商周"。旧石器时代包括直立人、早期智人及晚期智人三个时期。

旧石器时代： 以古人类开始用燧石、玛瑙等石英质打制石器为特征，这是人类演化进步的标志。地质时代属于上新世晚期到更新世，从距今约300万年前开始，延续到距今1万年前左右止。"旧石器时代"是考古学家提出来的一个时间区段概念。

新石器时代早期文化遗址出土了原始陶器和磨制石器，分布在黄河中游和两广等地区；中期文化遗址出现了玉器、彩陶、白陶，分布在黄河中下游和广西等地区；晚期文化遗址分布在黄河、长江流域。夏商周的文化遗址包括郑州商城、偃师商城、丰镐遗址、周原遗址和殷墟等夏、商都城遗址，以及西周主要封国的墓地遗址。

恐龙时代、恐龙灭绝、化石、恐龙主题公园

主要内容：恐龙　恐龙时代　侏罗纪和白垩纪　恐龙灭绝　恐龙发现地和恐龙主题公园　山西榆社化石群　加拿大的恐龙小镇

↘ 恐龙，恐龙时代，侏罗纪和白垩纪，恐龙灭绝

恐龙的英文（Dinosaur）意思是可怕的蜥蜴，是现代四脚蜥蜴的放大形状。恐龙时代跨越了三叠纪、侏罗纪、白垩纪，延续了大约1.6亿年，从三叠纪（2.52亿～2.01亿年前）的早期，到侏罗纪（2.01亿～1.45亿年前）的鼎盛时期，到白垩纪末灭绝（0.66亿年前）。科学家证明，白垩纪末地球遭受陨石撞击和玄武岩浆大量涌出，改变了地球的温度，生物链断掉，恐龙灭绝。中国科学家研究恐龙蛋发现，宇宙元素铱（Ir）存在恐龙体内已经有一定的时间了，推断恐龙并不是在较短的时间段中灭绝的，可能是在数百年间逐渐死亡的。恐龙的体积从小到大都有，如中国大型恐龙有梁龙、腕龙和马门溪龙，中国云南禄丰还出土了巨型许氏禄丰龙，为此，1958年中国还发行了恐龙邮票。不同时期的恐龙大小和种类也是有变化的。世界上最大的恐龙是阿根廷龙，重约110吨，体长40米。

✦ 三叠纪恐龙演化图

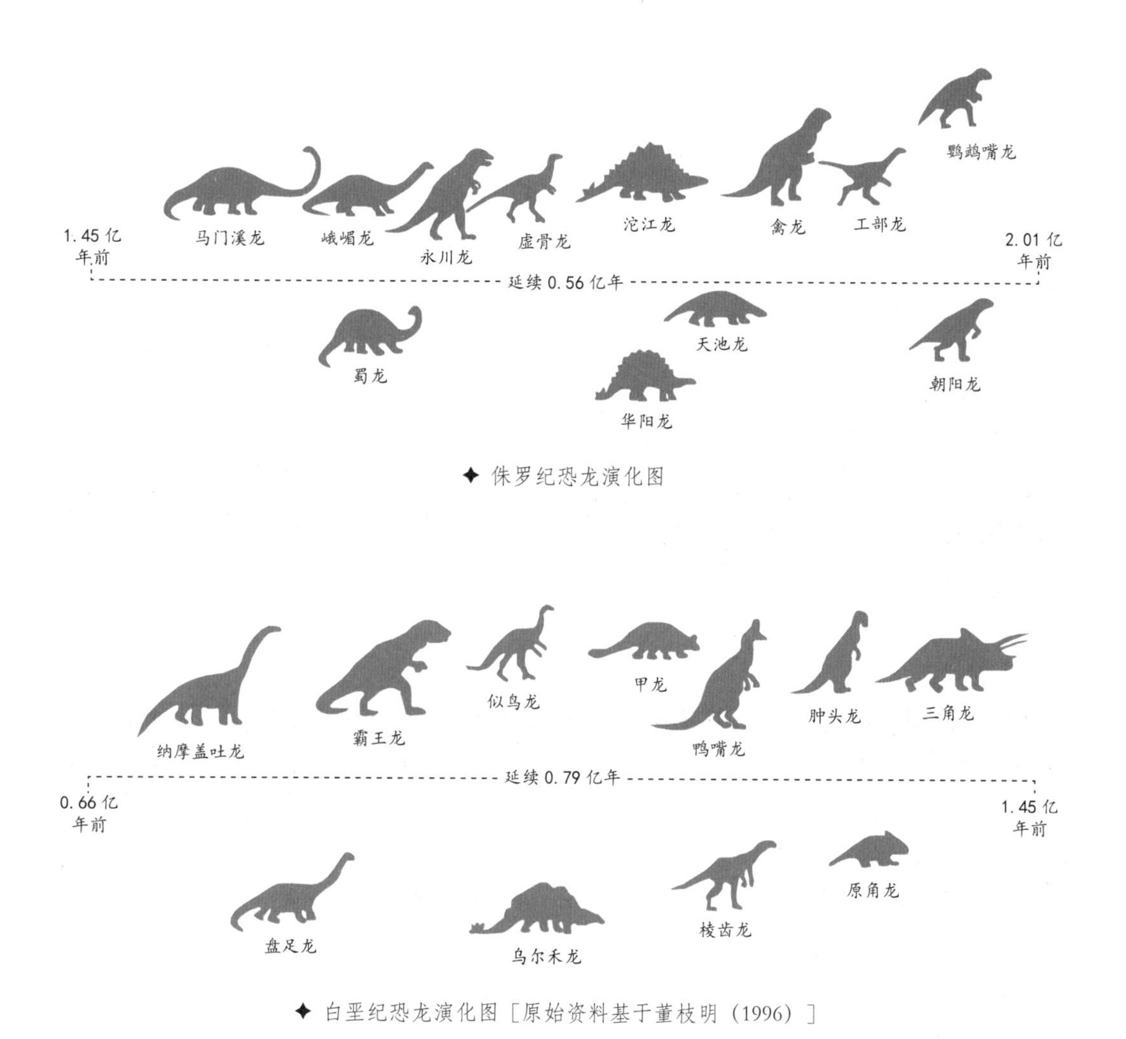

✦ 侏罗纪恐龙演化图

✦ 白垩纪恐龙演化图［原始资料基于董枝明（1996）］

↘ 恐龙发现地和恐龙主题公园

中国是发现恐龙化石的大国，在四川、山东、河南和河北都发现了恐龙。四川自贡博物馆和山东诸城博物馆都展出有恐龙化石，最近，在重庆市的云阳县又发现了新的恐龙化石。江苏常州市恐龙园，是国内投资建设的有动漫的园林并收藏有山东诸城恐龙化石。我国的恐龙化石种类多、跨越时间长，发现恐龙蛋的地点也多。

四川自贡市恐龙博物馆建设在恐龙发现地——大山铺恐龙化石群遗址，位于四川省自贡市的东北部，距市中心 9 千米。博物馆建筑的外形是一个恐龙的形象，印象最深的是许多恐龙蜷缩在一起，恐龙有可能在抱团取暖。自贡恐龙

✦ 四川自贡博物馆外景

✦ 自贡博物馆内恐龙化石聚集埋藏地

博物馆是一座世界著名的就地兴建的大型遗址类博物馆，占地面积约 7 万平方米，于 1987 年建成开馆 馆藏化石标本几乎囊括了距今 2.01 亿 ~ 1.45 亿年前侏罗纪时期所有已知恐龙种类，是目前世界上展示侏罗纪恐龙化石最多的

地方。自贡博物馆恐龙化石规模排在世界恐龙博物馆前十位，参见网站：CNN排名：https://edition.cnn.com/travel/article/world-best-dino-museums/index.html。

诸城恐龙化石，被埋藏在白垩纪莱阳群和王氏群陆地河湖相碎屑岩沉积地层中，以出土巨型鸭嘴龙化石而闻名，包括巨型山东龙、巨大诸城龙、巨大华夏龙、诸城中国角龙、意外诸城角龙、巨型诸城暴龙。诸城博物馆建筑面积为5400平方米，是中国北方最大的恐龙博物馆，藏有鸭嘴龙类、角龙类、暴龙类、甲龙类、虚骨龙类、蜥脚类等10个属种12000多块恐龙化石。博物馆建筑风格独特，俯视似八条巨龙相互依偎而抱。

✦ 山东诸城博物馆

↘ 山西榆社化石群

位于晋中市南部，太行山西麓，以发现新生代大唇犀、三趾马、原大羚、剑齿象、乳齿象、梅氏犀、披毛犀等而闻名。这些动物化石的发现再现了动物演化的过程，它们的体貌特征更接近现代动物。

除了自贡恐龙公园和山东诸城恐龙公园外，中国境内以恐龙为主题的公园还有黑龙江嘉荫恐龙国家地质公园、云南禄丰恐龙国家地质公园、辽宁朝阳古

✦ 河北地质大学地球博物馆展出的恐龙骨架（张欣摄影）

生物化石国家地质公园、新疆奇台硅化木—恐龙国家地质公园、内蒙古二连浩特恐龙地质公园、甘肃肃北公婆泉恐龙地质公园、宁夏灵武恐龙地质公园、河南汝阳恐龙地质公园、浙江天台恐龙地质公园、中国河南伏牛山世界地质公园、湖北十堰市郧阳区恐龙蛋化石群地质公园、甘肃刘家峡恐龙国家地质公园、内蒙古鄂托克地质公园、山东莒南恐龙地质公园。

↘ 加拿大的恐龙小镇

有机会的话，旅行者可以到加拿大的 Drumheller 恐龙地质公园（加拿大卡城* 东北方 80 千米处）参观。Drumheller 是一个有 2000 多居民的小镇，然而小镇建有世界上最高的恐龙塑像，有世界上最宽阔的观景台。在博物馆里，观众还可以欣赏用大玻璃隔开的科学家工作室。进入小镇的公路，从 50 千米的远处就开始有各种恐龙雕塑，到达博物馆停车场后，登上观景台可以看到宽阔的埋藏恐龙的沉积岩层。整个镇上，无论是餐馆中的墙画还是街道两旁的造型雕塑，都以恐龙为主题。这方面值得我国城镇恐龙主题公园学习。

✦ 加拿大 Drumheller 恐龙博物馆前的山坡观景台。站在这个观景台上，可以看到远处埋藏恐龙的沉积岩地层，十分壮观。本书作者在 1995 年和 2019 年两次打卡，流连忘返

✦ 埋藏恐龙的沉积岩地层

✦ 埋藏恐龙的沉积岩地层

✦ 加拿大 Drumheller 镇博物馆前的停车场

✦ 加拿大 Drumheller 镇博物馆前停车场

✦ 加拿大 Drumheller 镇街道旁的雕塑

✦ 地质博物馆外

✦ 恐龙研究所就设立在博物馆内，透过大玻璃窗，参观者可以随时欣赏科学家的工作

✦ 加拿大家长非常重视青少年的研学活动，这个小镇的博物馆和露天沉积岩层，每年吸引了大量的青少年和游客

✦ 小镇街景，处处有恐龙塑像

✦ 猛犸象化石

☑ 进一步阅读

卡尔加里市（Calgary）：又称卡城、卡加利、牛仔城 位于加拿大艾伯塔省南部的落基山脉东部 是加拿大第四大城市，年年在世界最佳宜居城市评比中获奖 是世界上最富裕、安全、幸福和拥有最高生活水准的城市之一。卡城是艾伯塔省最大的城市。卡尔加里是加拿大最大的能源中心以及北美第二大能源中心。世界著名的石油公司（中石油、中石化、中海油、壳牌、英国石油、埃克森美孚等）都在这里设有分公司，加拿大众多能源公司的总部就设在此地。因对研究恐龙的贡献 河北地质大学特聘教授季强先生获得卡城市长亲自颁发的荣誉市民称号。

✦ 卡尔加里城

✦ 江西南康县的恐龙蛋化石（山东省平邑县天宇自然博物馆）

✦ 恐龙化石骨架（山东省平邑县天宇自然博物馆）

✦ 窃蛋龙的恐龙蛋化石，长约 13 厘米（藏于四川省天演博物馆，王小兵摄）

✦ 三角龙化石骨架，8 米长，1.5 米高（藏于四川省天演博物馆，王小兵摄）

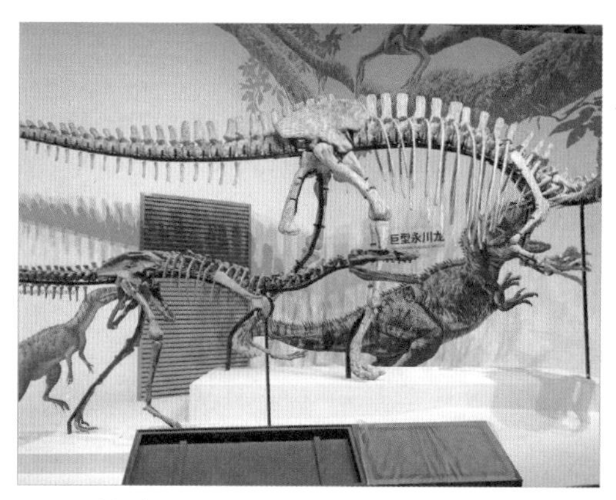

✦ 巨型永丰龙化石骨架，8 米长（藏于四川省天演博物馆，王小兵摄）

✦ 马门溪龙化石骨架，28 米长（藏于四川省天演博物馆，王小兵摄）

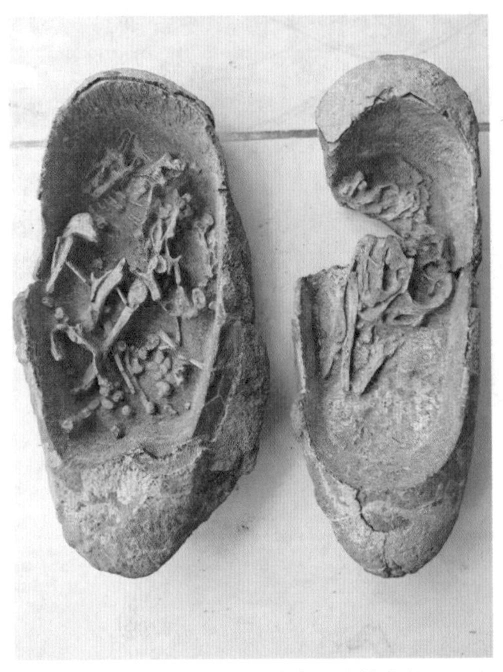

✦ 恐龙胚胎化石（藏于四川省天演博物馆，王小兵摄）

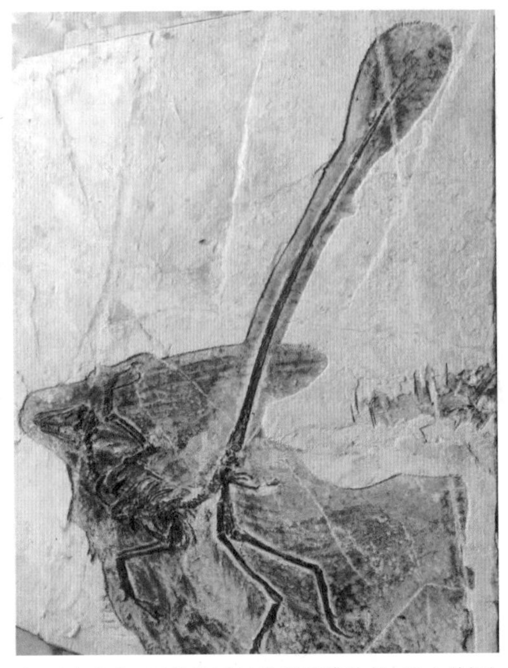

✦ 近鸟龙化石(藏于四川省天演博物馆,王小兵摄)

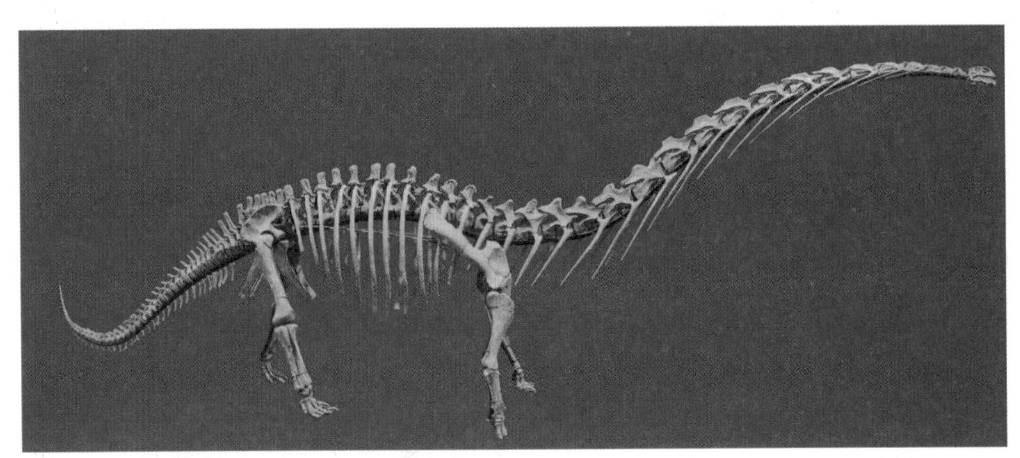

✦ 天演马门溪龙化石骨架,迄今为止世界装架最大的恐龙,长 39.8 米,高 15.6 米(藏于四川省天演博物馆,王小兵摄)

嶂石岩、喀斯特地貌、岱崮地貌

主要内容： 地貌　太行山　太行山中的主要旅游地　嶂石岩地貌　美化矿山　喀斯特地貌　喀斯特地貌的成因　世界著名的喀斯特溶洞　岱崮地貌

↘ 地貌

地貌，也就是人们所说的地形，是地球表面各种形态的总称。地表形态的多样化是因为组成山体岩石的矿物成分和一个地区有特点的风化和气候综合因素造成的结果。所以，每个地区的地貌形态在世界上也是唯一的。世界著名的地貌有刚果盆地、亚马孙平原、巴西高原、德干高原、哈萨克丘陵、安第斯山脉、喀斯特地貌等。中国著名的地貌有丹霞、彩丘、嶂石岩、喀斯特、岱崮、张家界、雅丹地貌。

随着生活水平的提高，更多的人对火山、风化和构造所塑造的各种地质体产生了好奇，最重要的是这些地质体具有观赏性，它们有花岗岩奇峰、石英砂岩峰林、火山、冰山、陨石坑等。本书作者在内蒙古察哈尔右翼中旗的深山进行野外调查中，发现一片还没有报道的由红色沉积岩形成的红色丘陵和山谷地貌，绿色的覆盖和出露的红色岩石、潺潺溪水、宁静的山谷组成了一幅幅美丽的画卷，命名为红谷地貌。中国以石灰岩组成岩石的地貌发育，有嶂石岩地貌、喀斯特地貌、岱崮地貌。

↘ 太行山

太行山纵贯南北，位于山西省与华北平原之间。山脉北起北京市西山，向南延伸至河南与山西交界地区的王屋山，西接山西高原，东临华北平原，呈偏东 23 度走向，延展 660 千米。它是中国地形第二阶梯的东缘，也是黄土高原的东部界线。

太行山主要是由寒武纪—奥陶纪的石灰岩和石英砂岩、太古代—元古代

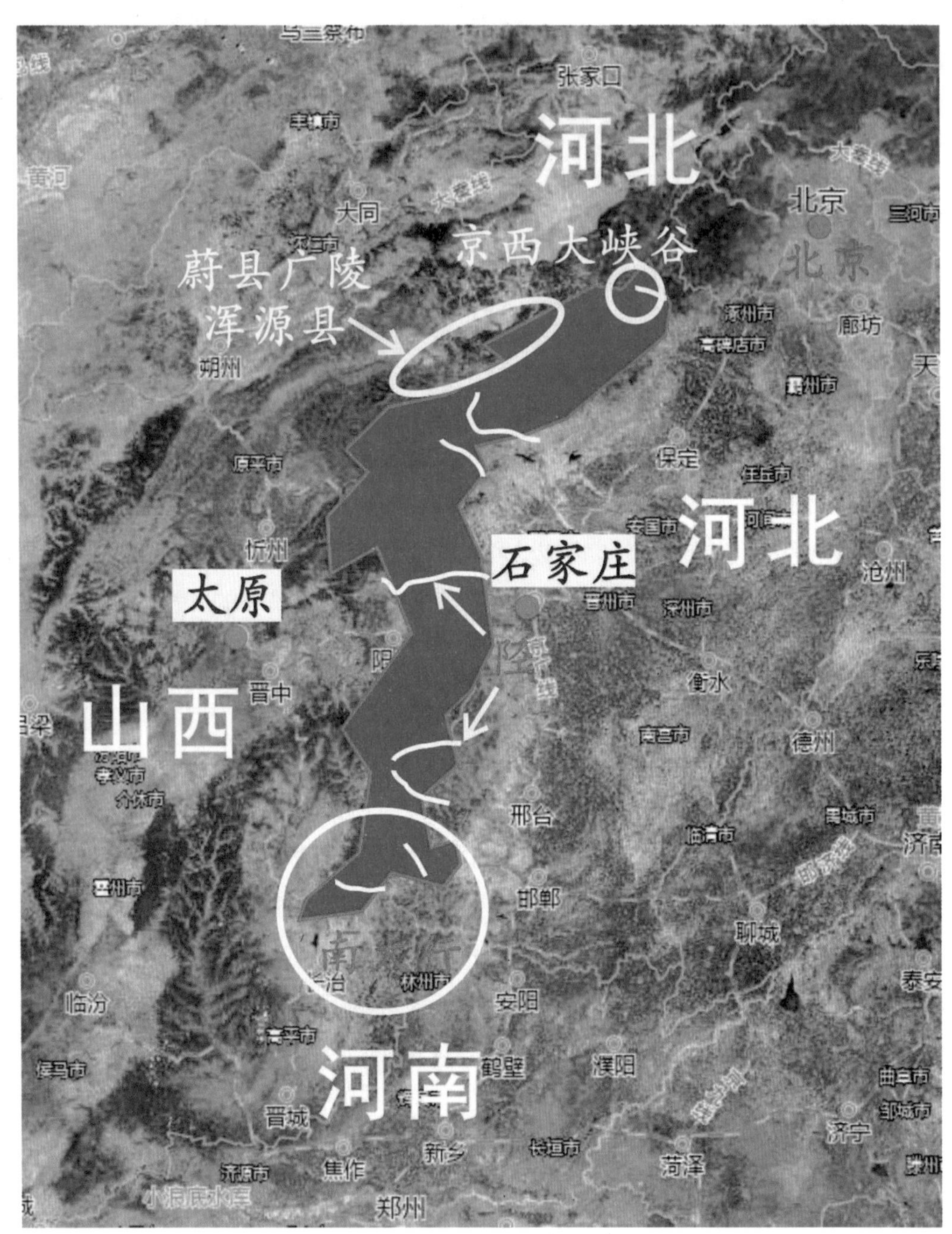

✦ 太行山卫星解析照片，深蓝色区域为太行山。图中：在蓝色区域的白线是太行八陉的位置。南太行是开发较好的旅游地，其中有云台山地质公园。京西大峡谷和蔚县飞狐峪是北太行中的旅游地。由于地形造成太行山北段的蔚县、广陵和浑源县土地贫瘠，年平均降雨量少，是历史上有名的贫困地区。许多北上“走西口”的人来自这三个县，现代社会还有这种“北上”的情形，作者在内蒙古乌兰察布市察右中旗，遇到的牧羊人有的就是来自这一地区

的混合岩、中生代的花岗岩组成的山脉。在太行山中，寒武纪—奥陶纪石灰岩主要分布有三段：南段在河南省鹤壁市、林州市至河北省境内的邯郸市和邢台市，中段位于石家庄西部，北段位于北京西部至河北省的蔚县、涞源等地。石灰岩是沉积岩的一种，是一种浅海和远海环境由碳酸盐和镁、钙离子形成的一种化学岩石。因为石灰岩由方解石、白云石等莫氏硬度* 低的矿物组成，故用小刀或钥匙就可以在岩石上刻画。

↘ 太行山中的主要旅游地

太行山的旅游区有高家台、云台山、五台山、苍岩山、九龙峡、天河山、邢台大峡谷、太行八陉等地。南太行旅游开发得较早，如河南省新乡市辉县旅游景区开发得比较好：有森林区、猕猴区、攀岩区、地质公园等，林州市高家台的嶂石岩地貌立体景观效果好，吸引了许多艺术院校的学生写生。太行山北段的北京西部至河北省蔚县之间，南石洋峡谷和飞狐峪是太行八陉中的二个陉，目前还没有进行旅游开发，仅仅只是通道。

太行山脉中的自然风光丰富、道路险峻、陡崖纵横、矿产贫瘠、可耕土地不多，是革命老区和红色旅游所在地。之所以是高山陡崖林立的山脉，主要与太行山的主要组成岩石——石灰岩有关，当地老百姓称之为“青石”。石灰岩存不住水，全部渗透和流失了，所以太行山区农民的生活条件艰苦，贫困县也较多。这些地区也成为中国石灰石碎石、烧结石灰的原材料供应地区，有的地方整个山都被劈开。但开采石灰石或白云岩有较严重的粉尘污染，现在绝大多数都被禁止了。

✦ 石灰岩沟壑上搭建的拱形桥（王琼摄影）

↘ 嶂石岩地貌

中国的嶂石岩地貌位于河北省太行山脉，因首次发现在赞皇县境内的嶂石岩村*而得名。嶂石岩地貌以身陡、多层阶梯长崖、顶部和阶梯处的棱角分明、整体性强、延展长为特点。它们是中元古界滨海—浅海相石英砂岩和石灰岩，南北向断裂发育，经过水流侵蚀、重力崩塌为主的作用，形成了方山、陡崖、石墙、塔柱等地质景观。嶂石岩地貌分布广泛，遍及河北、河南、山西三省，山西的昔阳、和顺、左权、陵川，河南的林州、辉县、焦作等县市都有嶂石岩地貌。相比我国的其他地貌类型，嶂石岩地貌比较宏伟，如在嶂石岩国家地质公园内有长达 10 千米、断续延绵 300 千米的“长城”似陡崖，三级阶梯式的大断崖是其他地方所没有的。

✦ 嶂石岩以三级阶梯地貌为特点

✦ 嶂石岩地貌（张欣摄影）

✦ 嶂石岩地貌（张欣摄影）

✦ 河南云台山风景区（蔡蕃摄影）位于南太行南缘，多数是白云岩

✦ 开凿出来的南太行山路（王德纪摄影）

✦ 南太行山间公园（王德纪摄影）

✦ 从南太行岩壁可以看出与磁县以北的太行山的青色石灰岩有所不同（王德纪摄影）

✦ 南太行（王德纪摄影）

✦ 南太行的嶂石岩阶梯形地貌（王德纪摄影）

✦ 河北省涉县太行嶂石岩的阶梯形地貌

✦ 南太行的敞开式隧道是一道风景线（王琼摄影）

✦ 山西省平定县七亘村，石灰岩形成的关隘（马宝军摄影）

✦ 高家台风景区

✦ 北京西郊南石洋大峡谷（丁三摄影）

✦ 嶂石岩地貌（涞曲高速东侧灵山镇）

↘ 美化矿山

在石家庄西部郊县存在一些劈山取石所留下的矿山坑。以绿化的方式恢复矿山区的环境可以借鉴世界著名旅游地：加拿大布查特（Butchart）花园*，作者曾两次来到花园，为花园的设计和美景叫绝，为矿山改造的理念所感染。在石家庄郊区打造这样一个花园，不仅可给民众提供一个旅游地，更重要的是为全国树立一个矿山恢复建设、环境保护、旅游观光的典范。

✦ 加拿大布查特花园

✦ 加拿大布查特花园

↘ 喀斯特地貌

喀斯特地貌是具有溶蚀力的水对可溶性岩石进行溶蚀等作用所形成的地表和地下形态的总称。最初以斯洛文尼亚* 的喀斯特高原命名，中国称之为岩溶地貌。在我国的广西，雨水天气和石灰岩分布这两个因素造成了这一带的溶洞发育。目前，许多旅游者仅仅认为地下的溶洞是喀斯特地貌，实际上石灰岩所形成的地表山峰也属于喀斯特地貌，它们的形态也很美，它们个个都像个窝窝头，形成峰林或孤峰。地下有喀斯特漏斗、落水洞、溶蚀洼地、地下溶洞、地下河等。喀斯特地貌在中国集中分布于桂、黔、滇地区，其他省份的石灰岩地区也有分布，在广西溶洞最多。

↘ 喀斯特地貌的成因

喀斯特地形的形成是石灰岩地区地表水和地下水长期溶蚀的结果。石灰岩的主要成分是碳酸钙（$CaCO_3$），水和二氧化碳发生化学反应生成碳酸氢钙[$Ca(HCO_3)_2$]，溶于水后流走。最初，雨水沿水平或垂直的裂缝渗透到石灰岩中，纵向节理形成的裂缝逐渐加宽、加深，形成石骨嶙峋的地形。当雨水沿地下裂缝流动时，就不断使裂缝加宽加深，直到终于形成洞穴系统或地下河道。

✦ 喀斯特地貌的地表形态，呈窝头状（卢志摄影）

狭窄的垂直纵向竖井与这些河道连通，使地表水得以顺畅地经地下河流走。石灰岩山坳处，初始时的垂直通道较小，随着洞口坍塌，形成落水洞，这是喀斯特地貌一种代表性的地形。当数个这样的通道连成了一体时，就形成较大的“天坑”。其他地形还有天生桥、石灰岩孤峰、石林等。

↘ 世界著名的喀斯特溶洞

世界溶洞排名是没有意义的，因为每个溶洞都有它的特点。世界上最大的溶洞是美国肯塔基州的猛犸洞，猛犸洞以延展长为特点（587 千米）；美国新墨西哥州的尔斯巴德溶洞以数百平方千米范围有多个溶洞相连和巨型大厅式溶洞为特点；越南的韩松洞以洞穴多（超过 300 个）、大型垂直天坑洞穴为特点。中国各地区政府在建立以溶洞为主题的公园上，投资大的有邢台市的崆山白云洞、桂林的银子岩溶洞、湖北的腾龙洞、湖南的黄龙洞、重庆武隆天生桥群、山东蒙阴溶洞、重庆的芙蓉洞等，本书作者 1984 年在常州市善卷洞旅游，这个溶洞精致，开发的早。石灰岩地区都有可能发现地下溶洞。北京京西大峡谷也是一个旅游地整个北京西山和靠近北京的河北省境内也都是大型溶洞发现的潜在地区，旅游者在爬山的过程中，要特别注意脚下，发现线索后可以求助探险专业队。

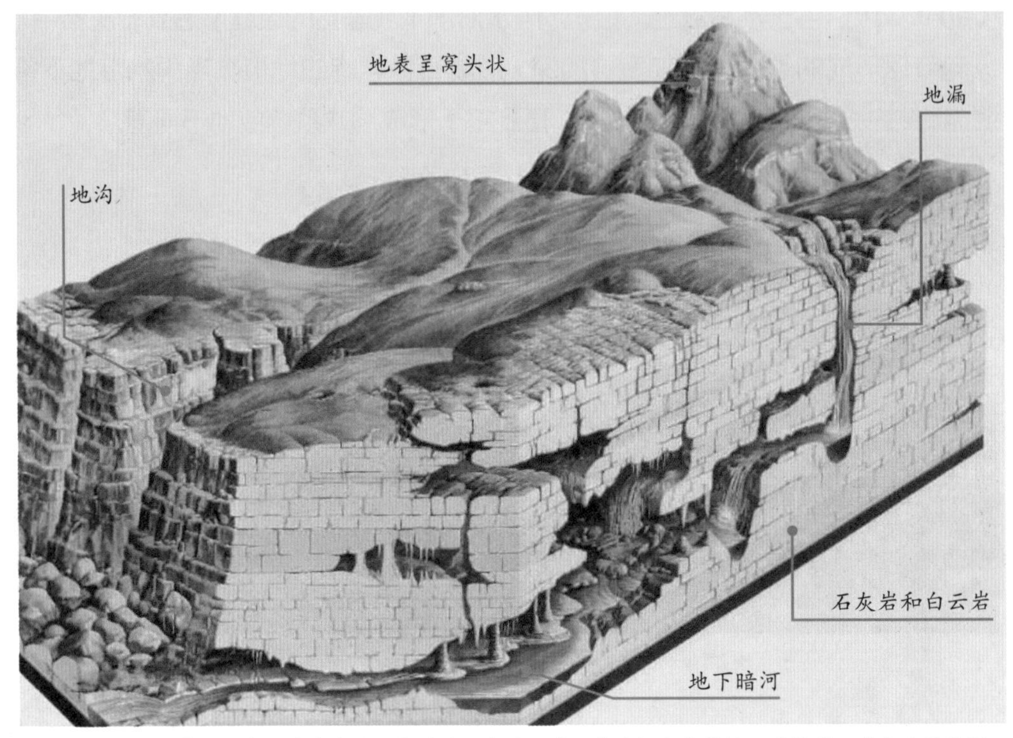

✦ 太行山北段、中段、南段有许多地区都是由石灰岩组成，有宛如长城的嶂石岩地貌、北方大型溶洞、竹叶状石灰岩、鲕粒灰岩、古人类化石等。在石灰岩地区登山运动要小心，你脚下有可能存在大的没有被发现的溶洞

✦ 广西石灰岩天坑

✦ 武隆石灰岩地貌

✦ 重庆市武隆石灰岩地貌

✦ 蒙阴石灰岩洞穴

✦ 山东临沂市岱崮地貌，上层是石灰岩，图片中的许多崮已经消亡成土堆了（任传玉摄影）

↘ 岱崮地貌

岱崮地貌分布在山东省的沂蒙地区，如著名的“孟良崮战役”中的“崮”字。“崮”字的意思是：四周陡峭、山顶较平的山。岱崮地貌是山东省沂蒙地区独有的一种地貌景观，它可以被划分为上下两部分：上部为一个相对平整但有些凹凸的台地，底部为缓坡，其陡坡是石灰岩崩塌的峭壁，形成方形山，因而也被称为“方山地貌”，是灰岩溶蚀和重力崩塌的结果。然而，在沂蒙地区的野外调查中，我们也看到许多这样的方山，它们的山顶已经崩塌为不规则的石柱和石墙了。

进一步阅读

莫氏硬度：是矿物硬度的一种标准，由德国矿物学家莫斯（Mohs）在 19 世纪提出，一直被采用至今。而地质学用十种矿物在实践中对比使用，硬度从 1 至 10 分别是：滑石、石膏、方解石、萤石、磷灰石、长石、石英、黄玉、刚玉、金刚石。旅行中，如果能用小刀刻动，那么这一矿物的硬度是小于 6 的。值得一提的是，玉石、黄龙玉、玛瑙都是矿物集合体，用硬度来描述或鉴定这些矿物是不严格的。

陉（xíng）：是太行山中东西穿过的天然通道。历史上常被利用作为迁徙、贸易、征战的道路系统，因此，陉就包含了陉道和陉关这两个要素，一条陉道常常有多个陉关。“太行八陉”则是指横穿太行山脉的八条通道（井陉和轵关陉是横穿太行山的，多数“陉”只是穿越太行山的一段），从南到北分别是：轵关陉（济源—侯马）、太行陉（沁阳—晋城）、白陉（淇县—辉县—壶关）、滏口陉（临漳—涉县—长治）、井陉（石家庄的鹿泉—阳泉—太原）、蒲阴陉（顺平—灵丘）、飞狐陉（易县—涞源）、军都陉（北京的南口—怀来）。

嶂石岩村：位于石家庄西南方向赞皇县的一个小山村，围绕着嶂石岩地貌景观发展旅游业和餐饮业，附近有棋盘山生态森林自然风景区、嶂石岩、许亭村、赞皇窦家寨、赞皇石柱山等旅游景点，盛产有赞皇金丝大枣、赞皇大枣、赞皇核桃、赞皇蜂产品等特产。

加拿大布查特花园：是世界上改造废弃矿坑为美丽花园、变废为宝的典型例子。它不仅仅是一座非常美丽的花园，最主要的是环境治理的典范。中国目前有数以万计的废弃矿山和与之相伴的城镇，如同西伯利亚的 Mir 圆形矿洞一样，成为国土上的“疤”。加拿大布查特花园的例子在告诉世人，管理者在法律上应当明确矿山开采者的责任，在开矿之前应当计算出环境治理和生态恢复的成本。

斯洛文尼亚： 1991 年之前为前南斯拉夫的一个加盟共和国，1991 年 6 月 25 日获得独立。该国位于阿尔卑斯山脉南麓，西邻意大利，西南濒临亚得里亚海，东部和南部被克罗地亚围绕，东北邻匈牙利，北邻奥地利。

石灰岩中的宝贝

主要内容： 什么是石灰岩　寒武纪生命大爆发　石灰岩中的化石　太行山的寒武纪—奥陶纪石灰岩　鲕粒状石灰岩　竹叶状灰岩　千页石灰岩　喀斯特溶洞里有什么

什么是石灰岩

石灰岩简称灰岩，老百姓称为“青石”。石灰岩主要为灰色，当呈灰白、浅黄、浅红时称白云岩。它们通常是由直径大于 0.01 毫米的方解石和白云石为主要矿物成分的化学沉积岩——碳酸盐岩。方解石和白云石的硬度低，你在这样的岩石上用一般的铁器物件都可以刻画，点酸起泡。石灰岩是烧制石灰和水泥的主要原料，是炼铁和炼钢的熔剂。

石灰岩主要是在浅海的环境下形成的。石灰岩按成因可分为粒屑石灰岩、生物骨架石灰岩和生物化学石灰岩。按结构构造可细分为竹叶状灰岩、鲕粒状灰岩、豹皮灰岩、团块状灰岩等。石灰岩的主要化学成分是 $CaCO_3$，易溶蚀，在太行山地区形成嶂石岩地貌，在山东临沂地区形成岱崮地貌，在石灰岩地区多形成石林和溶洞，称为喀斯特地貌。

寒武纪生命大爆发

寒武纪是显生宙*的开始，距今 5.41 亿 ~ 4.85 亿年前。寒武纪的生命大爆发被称为古生物学和地质学上的一大悬案。大约在 5.4 亿年前，绝大多数无脊椎动物在几百万年相对较短的时间内集中出现了，包括几乎所有动物类群祖先在内的多细胞生物大量出现，这一爆发式的生物演化事件，被称为“寒武纪生命大爆发”。

↘ 石灰岩中的化石

寒武纪生命大爆发意味着在寒武纪地层中有丰富的化石。带壳、具骨骼的海洋无脊椎动物趋向繁荣，底栖生活，以微小的海藻和有机质颗粒为食物，现在所能发现的最丰富的化石是三叶虫，所以寒武纪又称为“三叶虫时代”，其次是腕足动物*、古杯动物*、棘皮动物*和腹足动物*。此外，你可能还听说过节肢动物*、软体动物*、笔石动物*，等等，参见本节末尾的“进一步阅读”。世界上典型的化石群有：中国云南澄江生物群中的华夏鳗、云南鱼、海口鱼、三叶虫，加拿大布尔吉斯页岩中的皮开虫，美国上寒武纪的鸭鳞鱼，三峡地区的埃迪卡拉化石群等。在嶂石岩地貌和岱崮地貌的山区旅行，你行走在 5.41 亿 ~ 4.44 亿年前形成的海相地层中，这些地层是寒武系碳酸盐类的沉积岩，有丰富的无脊椎化石，如三叶虫等化石。你或许在公路旁边的岩石断面上也能有所发现，这时候要特别注意公路上的停车规则。

除了寒武纪—奥陶纪灰岩盛产化石，我国三叠纪灰岩也有化石广泛分布，如长江中下游分布的青龙群灰岩。海百合*是一种棘皮动物，因海生形体像百合花而得名。贵州西南部的三叠系薄层灰岩和泥灰岩地层中富集海百合化石。

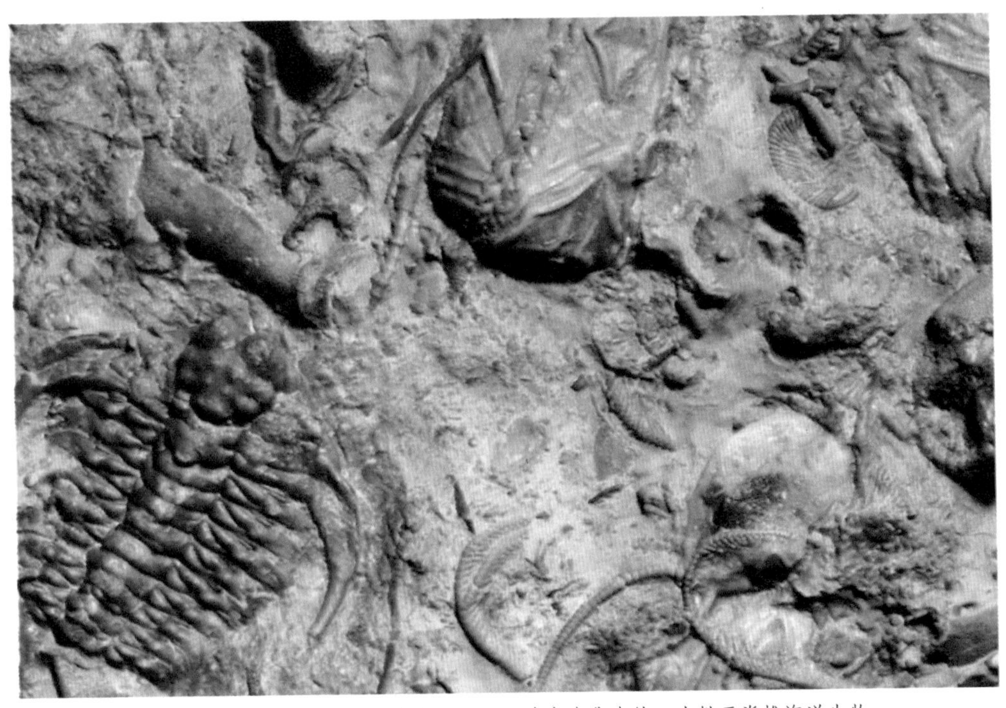

✦ 5.41 亿年前，生命大爆发出现了以三叶虫为代表的一大批无脊椎海洋生物

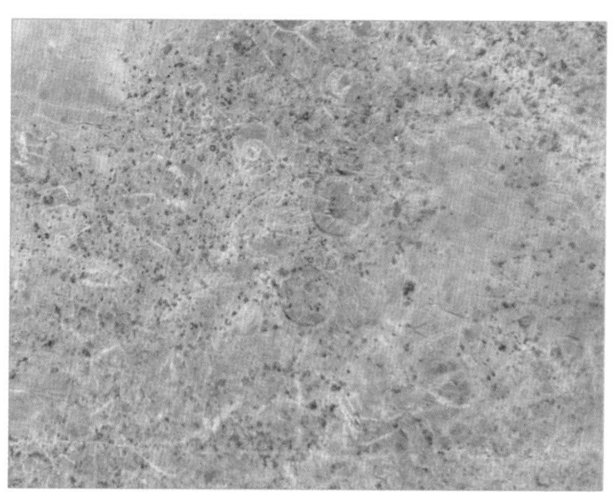

✦ 这是最典型的石灰岩，老百姓叫“青石”，仔细观察岩石中有许多化石

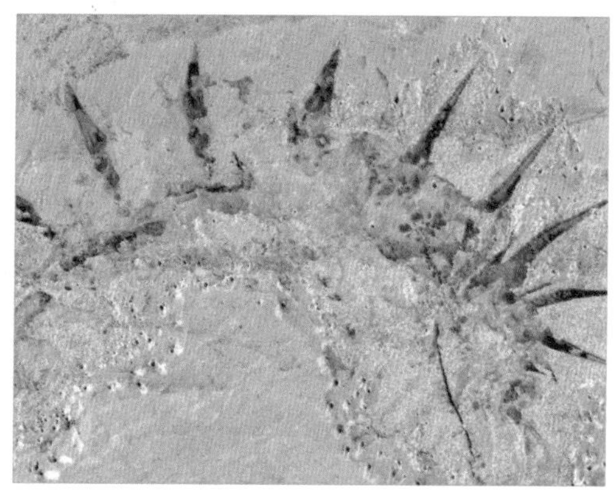

✦ 寒武纪地层中的柯林斯化石

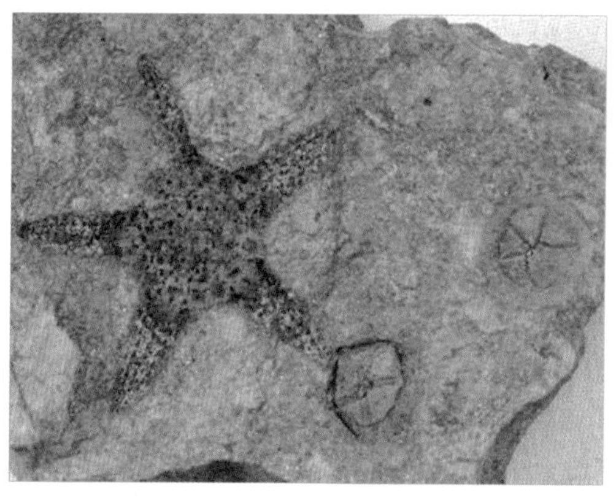

✦ 棘皮动物化石，从早寒武纪出现到整个古生代都很繁盛，其中有 5 个纲* 已完全灭绝。沿海常见的海星、海胆、海参、海蛇尾等都属于棘皮动物

✦ “埃迪卡拉”化石。埃迪卡拉群位于澳大利亚南部的埃迪卡拉地区，是生活在 5.65 亿 ~ 5.43 亿年前的前寒武纪一大群软体躯的多细胞无脊椎动物

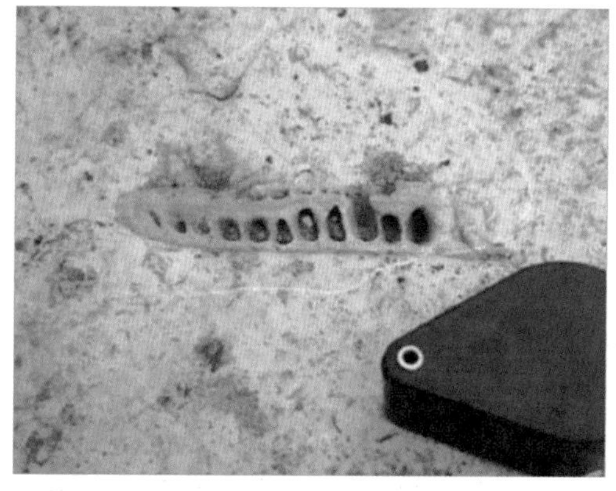

✦ 阿门角石，奥陶纪，采自山西阳泉市盂县雁子崖（刘育摄影）

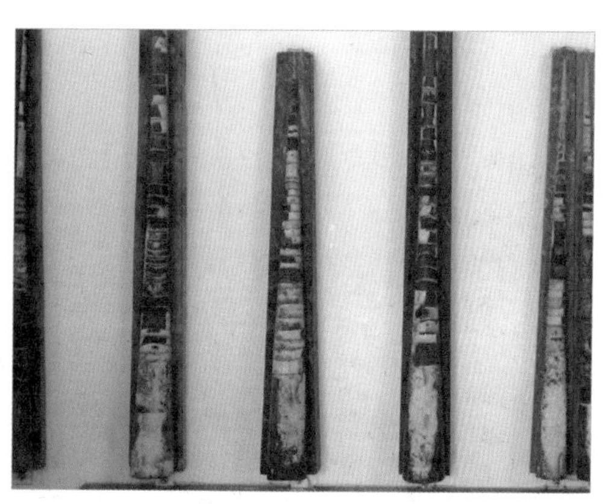

✦ 湖北宜昌地区的震旦角石（山东省平邑县天宇自然博物馆收藏）

↘ 太行山的寒武纪—奥陶纪石灰岩

中国石灰岩分布广泛，各个地质年代的石灰岩都有，但满足烧制水泥要求的石灰岩仅分布在一定的层位中。河北省西部和北部广泛出露的寒武纪—奥陶纪石灰岩，因开山取石剖面显露，地质现象精彩，一直吸引着地质科学家的目光。石灰岩剖面上可以看到含碳高的黑色薄层、紫红色基质的竹叶状灰岩层、燧石条带层、硅质灰岩层，这些都代表气候、大地构造造成海底升降的变化，暗示着彼时全球气候的不稳定。石家庄市西部、邯郸市西部、唐县西部、易县西部、蔚县、涞源县、北京市的西部和怀柔北部以及承德市的南部和兴隆县都有这个时期的石灰岩分布。在这些石灰岩中发现了三叶虫、腕足类动物、棘皮动物、软舌螺等的化石。除此之外，这些石灰岩还有许多栩栩如生观赏性的构造，如：鸟眼构造（几毫米大小的微小空洞）、豹皮构造、鲕粒构造、竹叶状构造等。

✦ 石家庄市鹿泉区采石场

✦ 石家庄市井陉矿区采石场

✦ 美国肯塔基州鱼龙化石

✦ 云南澄江化石

✦ 贵州凯里化石

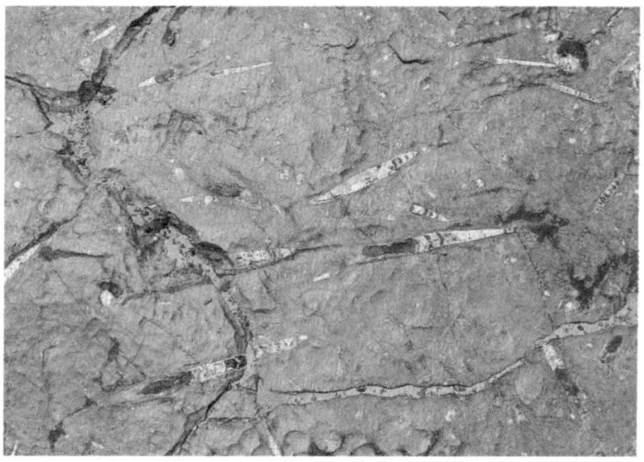

✦ 摩洛哥鹦鹉螺化石

✦ 甘肃和政陆龟化石

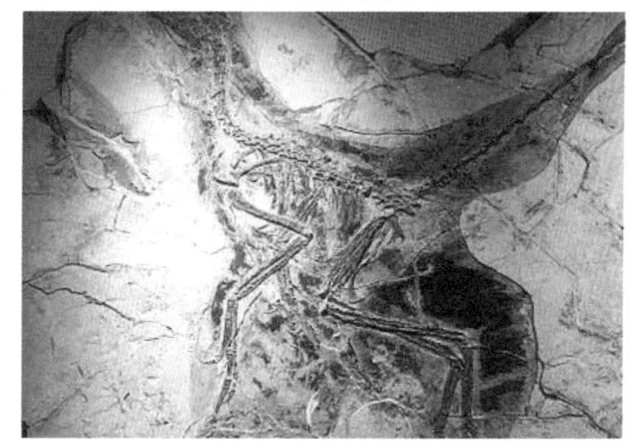

✦ 辽宁赫氏近鸟龙化石

✦ 三叶虫化石

✦ 山东临朐县山旺化石

✦ 寒武纪—奥陶纪地层中菊石（山东省平邑县天宇自然博物馆收藏）

✦ 海百合化石，盛产在贵州省关岭、兴义一带的石灰岩地层中（河北地质大学收藏）

✦ 湖北宜昌中奥陶纪—晚泥盆纪地层中的震旦角石和菊石（山东省平邑县天宇自然博物馆收藏）

✦ 世界少见的菊石聚合体标本（山东省平邑县天宇自然博物馆收藏）

鲕粒状石灰岩

鲕粒状石灰岩因其内部结构而得名，指的是灰岩中有 0.2 ~ 1.22 毫米直径的圆形体，按颗粒大小分为豆粒状石灰岩及鲕粒状石灰岩。它们形成的原因是受波浪和潮汐的作用使得水体搅动，每搅动一次，生物的碎屑、球粒、内碎屑、陆源碎屑等便处于悬浮状态，同时促使二氧化碳从水体中逸出，饱和的碳酸钙围绕碎屑颗粒沉淀一圈形成包壳，这样周而复始地搅动，便形成具有一圈圈同心纹包壳的鲕粒。当鲕粒达到一定大小，其质量超过波浪、水流搅动的能量时，便堆积在海底，不再被搅动，并被亮晶方解石胶结，形成亮晶鲕粒状石灰岩。

✦ 由左上角顺时针分别是：鲕粒状石灰岩、鲕粒状石灰岩的显微镜下照片、鲕粒状石灰岩打磨出的佩戴饰品、鲕粒状赤铁矿

竹叶状灰岩

竹叶状灰岩是石灰岩的一种，其特点为截面上有像竹叶状的砾石。分布在北京西山、河北平山县、山东平邑县、山东肥城、鄂尔多斯柳林、浙江常山等地区。目前，有人认为竹叶状灰岩是寒武纪碳酸盐类的沉积岩经过风暴的恶劣天气形成；也有人认为是由碎石集散于海里，经海水长年冲击、侵蚀，慢慢变成类似橄榄状碎石块，一般长 0.3 ~ 10 厘米，后又经地壳运动、沧海变迁，渐渐被一种钙质胶接、黏合、挤压在一起。沧海变为陆地后，这些合成石块在地壳

✦ 竹叶状灰岩，位于河北省涉县至井陉县一带

的变化中露出地面，受雨水冲刷、风化等外力作用变成今天的模样。竹叶状灰岩的成因还有待进一步地研究。

↘ 千页石灰岩

千页石灰岩是一种由像书本页似的层理构造的石灰岩。千页层在平面上呈水平层状或呈波状起伏、断面凸凹成层。太行山中有许多地方有千页石灰岩，可做院落中的摆石，在北京的颐和园、景山、北海公园等园林中都可以见到。

✦ 千页石灰岩（乌兰察布市）

✦ 燧石条带灰岩（北京圆明园）

✦ 海蚀地貌（温哥华岛）

✦ 叠层石灰岩（澳大利亚）

↘ 喀斯特溶洞里有什么

喀斯特溶洞都出现在灰岩地区，总有尚未被人类发现的地下溶洞和地下自然景观，这些地方有可能是古人类栖居之所，可能会有古人类留下的器物，可能还会有古人类尸骨。当你发现人类头盖骨时，切记要交给专业人士鉴定。

许多旅游爱好者喜欢探险，但缺乏专业的勘探经验，这里提示充满热情和好奇心的探险爱好者们出行前需接受必要的专业训练，要有计划、目标地区、联系人、通信设备等，准备充分之后，出发前还要告知亲朋好友预计返回时间、要去的地区、同行者的姓名和联系方式等信息。

进一步阅读

显生宙：是对时间区段描述的地质名词。顾名思义，显生就是地球上有生命出现。科学家发现 5.41 亿年前的一段地质时期开始出现生命，大量软体动物出现为标志。相对应的，在 5.41 亿年前至更久远的时间段称之为“隐生宙”。

腕足动物：具有两瓣壳体的无脊椎动物。在每次生物灭绝后，腕足动物都能奇妙地再现，因此在寒武纪至新生代地层中均有记录。在漫长的地质历史时期，腕足动物也在不断地演变更新，奥陶纪至二叠纪（5.1 亿 ~ 2.5 亿年前）是其发展的高峰时期。

古杯动物：单体因像杯子形状而得名，是一种在温暖海洋环境下生活的多细胞动物。生活年代从寒武纪至侏罗纪。

棘皮动物：棘（jí），指酸枣树上的刺，人们最常见的棘皮动物是海洋生物中“五角”海星、海胆、海参等，它们主要栖居于海底生活，在浅海到数千米的深海都有广泛分布。古生代（5.7 亿 ~ 2.5 亿年前）时期很繁盛，所以，在古生代地层中可以找到大量的棘皮动物化石。

腹足动物：软体动物门中物种最多的一个纲。蜗牛以及田螺、玉螺、骨螺等各种海生螺类，都属于这个纲。腹足动物头部发达，具有一对或两对触角，一对眼。受到攻击、休眠或防止脱水时，软体缩回并且口盖闭合。

节肢动物：就是身体一节一节的动物，是动物界中种类最多、数量最大、分布最广的一类动物，常见的蜘蛛、蝎子、虾、蟹、蜈蚣、蝗虫、蝴蝶等，都属于节肢动物。

软体动物：有壳包覆的软体动物，头部一般暴露在壳外，受攻击时则缩到壳中，如蜗牛、扇贝、章鱼、乌贼等。

笔石动物：是一类灭绝了的海生群体动物，生存年代是寒武纪—早石炭纪（5.42 亿 ~ 3.18 亿年前）。笔石动物个体很小，一般仅有 1 ~ 2 毫米。笔石是漂浮的动物，在黑色页岩上常被保存为碳质印痕。

海百合：是一种始见于早寒武纪的棘皮动物，是地球上最古老的动物之一，已经生存了 5 亿年。在 2.3 亿年前，它们生活于海洋，具多条腕足，身体呈花状。海百合的身体有一个像植物茎一样的柄，柄上端羽状的东西是它们的触手，也叫腕。

纲：是生物分类的单位。生物分类单位从最大到最小依次是：界、门、纲、目、科、属、种。

张家界地貌

主要内容： 张家界　张家界地貌　张家界地貌成因

↘ 张家界

张家界是湖南省一个地级市，位于湖南西北部，澧水中上游，属武陵山区腹地，是中国重要的旅游城市。1982 年被批准成立张家界国家森林公园，2004 年被列入全球首批《世界地质公园》，2007 年被列入中国首批国家 5A 级旅游景区。

✦ 张家界地貌

↘ 张家界地貌

张家界地貌是最具特色的世界罕见的石英砂岩峰林地貌，地层岩石以石英砂岩为主，但因为地层岩石的成分复杂，形成了多样的景观：最主要的石柱组成的石林，还有岩溶、丘陵、隘谷、峡谷、岗地，河的谷底都呈线形分布，两壁陡峻，滩多水急。张家界市水源来自澧水、溇水、茅岩河。

✦ 张家界地貌（孙琦摄影）

✦ 张家界地貌（孙琦摄影）

✦ 张家界石林地貌（卢志摄影）

✦ 张家界石林地貌。从这张照片可以看出，石柱上端是直立的棱角型，显示出岩石抗风化能力要强于丹霞地貌的陆相碎屑岩（卢志摄影）

↘ 张家界地貌成因

沉积学* 中描述沉积岩中的物质组成，有一个地质学专有名词——沉积物的成熟度*，它是用来描述岩石碎屑从山体风化、搬运中磨圆、重沙矿物的聚集（硬度较高的矿物，如石英和锆石聚集）的程度。从山体崩塌、冲积洪坡、河道河床的形成，到河流摇摆形成冲积平原，再到滨海乃至远海形成化学沉积搬运沉积的成熟度越来越高。陆地碎屑岩成熟度是最低的，从海岸区形成的石英砂岩、滨海形成的泥灰岩，到浅海相的化学沉积岩（石灰岩和白云岩）的成熟度一个比一个高。

丹霞地貌的组成岩石是陆相砂岩，而张家界地貌为滨海相砂岩，滨海相砂岩中的碎屑胶结物比陆相砂岩中的碎屑胶结物更细而坚固。因此，由于风化碎裂所形成的张家界地貌的岩柱体上方具有棱角，而由陆相沉积岩组成的丹霞地貌则呈现浑圆型。

通过上述的地质知识，可了解到张家界石柱棱角形态的成因和石英砂岩的结构组成。通过卫星照片和对其他水流冲击的分析，进一步发现层状石英砂岩分布较广，发育双向裂理，经过常年雨水冲刷，形成上部有棱角的柱状体。

☑ 进一步阅读

沉积学：是研究形成地层的碎屑或化学物质搬运、沉积、压实成岩的整个过程，是地质学的一个重要学科。它解释了沉积地层的垂向和横向的关系，为理解现代地貌的形成奠定了理论基础。也是与现代民生有着密切关系的学科，如水文科学、石油地质学的理论基础。同时，沉积学与许多其他学科也存在着密切联系，形成了交叉科学，如在研究海洋沉积物方面，生物学和古生物学方面。

沉积物的成熟度：指碎屑沉积物在风化作用、搬运作用过程中被改造至接近于最终产物的程度。碎屑岩的成熟度可从成分、结构两方面来看。成分成熟度高的标志是：稳定碎屑矿物石英的相对含量高，黏土矿物中最不活泼的化学组分 Al_2O_3 含量相对高，其他稳定重矿物还有锆石、电气石、金红石，这些矿物的比例也相对高。结构成熟度高的表现是：碎屑物质分选性好、磨圆度好、杂质量少。

丹霞、彩丘、红谷、红龟、红色平台地貌

主要内容： 砂岩　陆相砂岩　丹霞地貌　彩丘地貌　红谷地貌　红龟地貌　红色平台地貌

↘ 砂岩

砂岩是最常见的沉积岩的一种，经过河流和风搬运的矿物颗粒从上游搬运至下游沉积并由更细的砂砾胶结压实成为砂岩。砂岩颗粒直径在 0.05 ～ 2 毫米，矿物成分以石英和长石为主，多呈黄白色，根据含铁质的多少则呈现深浅不同的红色。按砂砾的直径分为：粗砂岩（2 ～ 0.5 毫米）、中砂岩（0.5 ～ 0.25 毫米）、细砂岩（0.25 ～ 0.05 毫米）、粉砂岩（0.05 ～ 0.005 毫米）、泥岩（< 0.005 毫米）。砂岩中的其他矿物有白云母、方解石、黏土矿物、白云石、鲕绿泥石、绿泥石等。胶结物（又称填隙物）包括更细小的矿物、更细的其他碎屑、硅质和碳酸盐质胶结物。

砂岩中的矿物多为稳定矿物石英和长石，是人类自古以来最为广泛使用的石材。欧洲许多著名建筑物都是用整块切割下来的砂岩建造，这些砂岩一块块地砌成的外观墙面，它们虽然凹凸不平，但显得错落有致，具有自然之美，如罗浮宫、英伦皇宫、哈佛大学等。实际上，这样的建筑理念和方法也将被未来的室内装修广泛采用，而且机器切割砂岩比切割花岗岩容易，加上组成砂岩的矿物石英和长石为中性（排除锆石含量较多的砂岩），没有污染。

↘ 陆相砂岩

陆相砂岩是陆地上最常见的一种砂岩。因碎屑大多来源于陆地，有各种岩石碎屑和矿物碎屑，所以叫法很多，如岩屑砂岩、硬砂岩、杂砂岩等。它们常形成在山前冲积扇、山间盆地及河流相中。当石英含量较多时称为石英砂岩，当长石含量较多时称为长石砂岩，当含有特殊矿物时则以这一特殊矿物命名。

↘ 丹霞地貌

丹霞地貌是我国学者最早提出的一种由红色沉积岩和陡崖直壁的险峻地形要素构成的地貌。丹霞地貌的定义为：发育于中生代至新近纪陆相近水平厚层状紫红色砂岩、砾岩中的丹崖赤壁及方山石墙、石柱、峡谷、洞穴等地形的统称。我国丹霞地貌发育较好，尤其是南方的雨水冲刷强烈。雨水侵蚀、重力、年代这三个重要因素使得各地区的丹霞地貌具有独特的形状。贵州赤水市、福建泰宁的大金湖、湖南新宁的崀山、广东韶关的丹霞山、江西鹰潭的龙虎山、浙江衢州的江郎山，这六个丹霞地貌在我国最著名和最具有代表性，组合成为“中国丹霞”。联合国教科文组织（UNESCO）在其官方网站上对丹霞地貌进行了描述。丹霞地貌作为专有名词在全球各地的红色沉积岩形成的地貌研究中被国内外学者使用，全世界各地都有丹霞地貌。在我国北方，承德外八庙风景区也存在丹霞地貌。

✦ 广东韶关的丹霞地貌

✦ 福建泰宁的丹霞地貌

✦ 贵州赤水的丹霞地貌

✦ 湖南新宁的丹霞地貌

✦ 江西鹰潭的丹霞地貌

✦ 浙江江郎山的丹霞地貌

✦ 武夷山丹霞地貌（蔡蕃摄影）

✦ 澳大利亚的丹霞地貌（孙琦摄影）

↘ 彩丘地貌

我国西北地区的红色砂岩地貌与南方的丹霞地貌在颜色上、形态上、成因上有着明显的不同，以陕北和甘肃张掖的红黄白三色地貌为代表。在陕北有天井式、狭缝式、巷道式、宽谷式的多种形式的红色砂岩地貌，其中陕北的永宁山、三台山、安塞阎山、安塞王家湾地形与“中国丹霞”的地貌形态接近，而天井式、狭缝式、巷道式等可与美国亚利桑那州羚羊峡谷地貌相媲美。

张掖红黄白色砂岩所组成的地层丰富，虽然在张掖有些地段的确存在陡崖，但是顶部不是圆形而是棱角形的，所形成的地貌形态与“中国丹霞”的赤壁还有些不同。除了雨水和重力外，西北地区的“风蚀”作用不同于真正的丹霞地貌，科学界承认的丹霞地貌是雨水和重力崩塌的结果，张掖地区则以风沙剥蚀为主要风化营力，大部分地段缺失“直壁陡崖”和“圆形棱角”这两个丹霞地貌的特点。张掖地区存在的实际上是一种“彩丘地貌”，而张掖许多其他风蚀地貌可与世界上所发现的许多著名风蚀地貌相媲美。

✦ 张掖彩丘地貌

✦ 张掖彩丘地貌

✦ 张掖彩丘地貌

↘ 红谷地貌

乌兰察布市察哈尔右翼中旗境内有一片红谷地貌 目前还没有得到开发利用。在察哈尔右翼中旗府西 30 千米沿北部小路到“大滩乡”后 就进入了无路可循的山谷“路”，谷中的平安村和张报窑村都已经搬空 只有一些放羊的牧民。红谷地貌即红色沉积岩地貌由紫红色砂岩、粉砂岩、泥岩组成 偶见大颗粒的碎屑岩 以缓丘和山谷组成 山谷蜿蜒。在我国秦岭—大巴山以北 由红色砂岩组成的观赏性地貌的地区有张掖和陕北 纬度分别在北纬 38° 56′和 36° 60′。而察哈尔右翼这

✦ 乌兰察布市察哈尔右翼中旗红谷地貌

片红谷地貌则位于北纬 41° 10′，这一地区受雨水侵蚀要比南方丹霞地区少得多，因此红色砂岩、砾岩、紫红色泥岩所形成的是平缓山坡地貌，不具有陡崖直壁等地形所组成的“中国丹霞”地貌的要素。然而，这一地区红色的砂岩与绿色

的植被所形成的丘陵和平缓的山谷却构成了一幅美丽的画卷。如果说“中国丹霞”对普通运动爱好者攀登起来过于险峻的话，红谷地貌则是更适合于运动爱好者攀爬。

↘ 红龟地貌

红龟地貌位于贵州省同仁县，经 352 国道，过硐口村即可到达。风化形成的平行层理，平行于地面，表层呈楔形如利剑式地拼合成的形状，组成黑色块状山头，看似像乌龟，一片片层峦叠嶂，也被称之为“红石林”。它们是经过平行地面的风蚀和沿垂直裂理的雨水冲刷共同作用的结果。

✦ 贵州同仁县红龟地貌

↘ 红色平台地貌

位于内蒙古锡林郭勒盟苏尼特左旗，由风化的钙质石英砂岩组成，在台上还能捡到许多彩色玛瑙，其成因是否为玄武岩台地风化所造成还有待详细调查研究。红色平台地貌最大的特点就是有非常宽阔的红色观赏平台，该地区就有长达 20 多千米的平台，在蓝天白云之际，显得非常宏伟壮观。

除了上面谈及的地区外，在中国西北地区巴彦淖尔市磴口南 10 千米、乌兰察布市的四子王旗北部、青海海东市乐都区北部的裙子山、青海的祁连卓尔山、新疆塔里木盆地以北的哈尔克山等，都存在红色砂岩组成的地质景观。

值得一提的是，在新疆塔里木北缘和霍拉山南麓之间，有一片人类很少踏足的、呈东西延展 720 千米的红色砂岩条带。乘坐从乌鲁木齐市起飞的航班往南和西南方向飞行，飞越天山后俯瞰，壮观的红色砂岩一览无余。如果是乘坐乌鲁木齐市至喀什市的航班，视野则更加清晰。

✦ 苏尼特左旗红色平台景观

✦ 苏尼特左旗红色平台景观

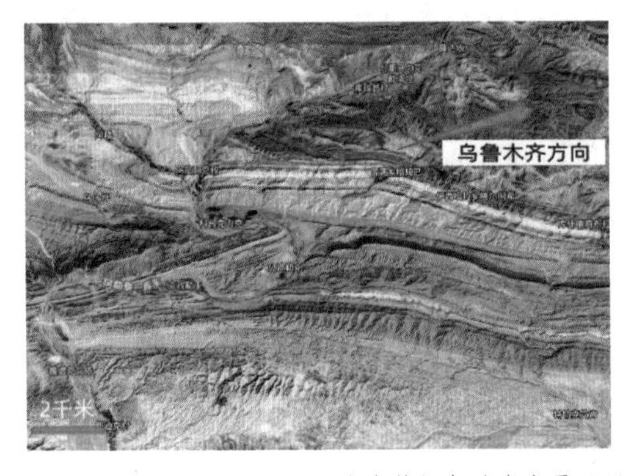

✦ 天山南麓红色砂岩出露卫星照片（基于“google earth”）

雅丹地貌、湖蚀地貌

主要内容： 雅丹　雅丹地貌　雅丹地貌的成因　为什么雅丹地貌在中国发育　雅丹地貌在中国的分布　沙漠中的石环地貌　石环与陨石坑的区别　湖蚀地貌

↘ 雅丹

瑞典探险家斯文·赫定* 先生，在中国新疆罗布泊考察时，发现成群分布的高 2～3 米、长数百米的“船形”岩体，取当地维吾尔人对这些岩体的叫法 Yardang（意思是“具有陡壁的小丘”）的谐音，1903 年正式命名为雅丹地貌。20 世纪，他的著作《中亚和西藏》（Central Asia and Tibet）在国内外学界广泛传播，“雅丹”一词被全世界科学界所接受。

↘ 雅丹地貌

雅丹地貌是新疆罗布泊地区的一种特殊的地貌形态，“船形”墙垛、风蚀蘑菇、风蚀土墩、风蚀凹地（沟槽），是一种风蚀地貌组合。

✦ 新疆雅丹地貌

✦ 伊朗雅丹地貌

✦ 克什克腾旗雅丹地貌

✦ 青海雅丹地貌

✦ 兰州雅丹地貌（孙琦摄影）

✦ 新疆“魔鬼城"雅丹地貌（蔡蕃摄影）

↘ 雅丹地貌的成因

首先，沉积盆地地区年平均降雨量极少，沉积岩以水平层理为主，但在岩层组成上存在差异。沿着一个方向的裂理，雨水切割后形成水沟，经过年均超过200天的风蚀（风吹和风吹起的石子与岩石面的摩擦），逐渐形成了雅丹地貌。据推算，形成新疆罗布泊雅丹地貌经过了1000年的时间。雅丹地貌是侵蚀地貌，不同于堆积地貌，雅丹地貌开始形成的年代是水流开始切割的年代，其形成年代是比较难推断的。沉积岩的颜色* 是其形成时环境的反映。

在内蒙古的乌兰察布市中旗和锡林郭勒盟的克什克腾旗，还发育有花岗岩为岩体的雅丹地貌，它是由于平行地势走向的风太强造成的，这些平行地面的花岗岩体最初并非如此。尤其在乌兰察布市察哈尔右翼中旗的黄花沟地质公园内外，所存在的新型雅丹地貌——花岗岩雅丹地貌，其特点是造型生动、平行地面的裂理发育。

↘ 为什么雅丹地貌在中国发育

雅丹地貌在全世界都有，比如在中东地区和加拿大的BC省中部。中国地势西高东低，西部与东部有2000 ~ 4000米的高差，由于重力、雨水和大风的作用，高处地方的岩石被风化剥蚀，早早晚晚会被运到低处。许多地区风大，当水流向一个方向切割形成沟槽后，长时间的风蚀也是沿一个方向，就容易形成雅丹地貌。游客在以雅丹地貌为主体的地质公园内行走时，一定要按照规定路线行走，以防因为昼夜温差大、风大环境中迷失方向。

↘ 雅丹地貌在中国的分布

中国柴达木盆地西部的雅丹地貌群是世界上最长的也是最典型的，主要分布在青海柴达木盆地西北部、玉门关西疏勒河中下游，新疆准噶尔盆地西部的乌尔禾、东部的将军庙，吐哈盆地的五堡、十三间房，塔里木盆地东缘的罗布泊北部、楼兰古城，北缘的拜城县克孜尔魔鬼城、甘肃瓜州等地。

✦ 美国西部布莱斯峡谷国家公园 (Bryce Canyon National Park) 是位于美国犹他州西南部的国家公园，它是由一片片风蚀残烛的岩柱组成的奇特景观

↘ 沙漠中的石环地貌

石环是一种因天气变化所形成的小型地貌，出现在风蚀、水流和昼夜温差大的地区。在沉积盆地中，当沉地表冻土溶解后，相对大的石块留在原先冰冻时的平面位置，而细小的砾石下沉，形成成群的石环，它们多呈圆形和不规则形状。

↘ 石环与陨石坑的区别

沙漠中成群的环状体也有可能是陨石雨造成的。它们之间的区别是：陨石坑的圆形口沿是与坑底连成一体逐渐过渡的，而石环的环形是由大块石头堆积而成，是松散的；石环是多边形不规则体，而陨石坑则总是圆形体；陨石坑周围存在陨石碎块、石英重结晶的集合体、不规则的透明玻璃体。

✦ 甘肃省敦煌市哈拉诺尔湖附近的石环

✦ 有远处看可以辨别，这是由白云岩或者是 Ca 元素含量高的砂岩组成的丘陵地带。读完本书，您也将学会判别了（张欣摄影）

↘ 湖蚀地貌

看到美国加州有这样奇怪的自然景观的时候，不知道它们是如何形成的。根据它们所呈现出一定秩序的形态推断，其形成必然与岩石原来特有的柱状构造、湖水的侵蚀有关。然而，我们却无法解释它们的造型竟与阿拉伯国家的建筑风格如此相似，特别是排列的规律和形态。

✦ 美国加州湖水侵蚀地貌，（阎海歌提供，帅以宏摄影）

☑ 进一步阅读

斯文·赫定（Sven Hedin，1865—1952 年）：瑞典探险家、地理学家和旅行作家。他一生从事探险，尤其钟爱中亚高山和新疆、西藏这些当时西方人还没有到过的地方，他是当时中亚和西藏探险的专家，因此获得了资助，在运输和生活上有了从事探险的保障。

✦ 斯文 · 赫定

沉积岩的颜色： 稳定的沉积岩的颜色是沉积环境的气候、介质、温度的反映，其中温度是确定当时形成这一层岩石是处于氧化还是还原环境。“氧化”和“还原”这二个名词来源于化学，是对一些多价元素状态的描述，如铁元素有二价铁是在还原状态生成，而三价铁是氧化环境形成。排除岩石表面风化土的干扰，沉积岩的颜色有：以碳酸钙方解石为主的石灰岩是青灰色，而以白云石为主的白云岩为淡黄白色，泥质岩中含有一定量的三价铁则显示为红色。岩层的颜色沿该岩层走向表现得十分稳定，并与层理一致，则多半是原生色。例如由铁的氧化物所造成的红色，锡林郭勒盟的大红山平台（本书封面）是氧化环境的标志，说明这一层岩石是在炎热、潮湿的气候条件下形成的。如松辽平原的白垩纪湖泊沉积红层，南方的白垩纪和第三纪陆相红层，都是在氧化条件下形成的。若岩层中含有机质和分散的硫化物，则岩石呈深灰色和黑色，在还原环境中形成，如炭质页岩。

河床里的玄机

主要内容： 河床的概念　金和岩金　沙金　如何既保护环境又开采黄金　什么是重沙　重沙的意义　金刚石沙矿　石榴子石和锆石的富集　造景摆石　河滩和海滩摆石

↘ 河床的概念

河床也就是河水或溪流冲出来的河槽，在两边为山的较宽的山谷中，河床不断被冲刷改道，导致山谷加宽和加深，形成台阶。河床按形态可分为顺直河床、弯曲河床、汊河型河床、游荡型河床。较宽的河床还发育出沙洲和河心滩等。河漫滩是洪水期河水泛滥的结果，由河流的横向摇摆沉积作用而形成。河漫滩比较多见于地势平坦的河流地区。

↘ 金和岩金

金（Au）是一种贵金属元素，纯粹的金俗称黄金，很多世纪以来一直被打造成硬通货币、各种观赏器物和首饰进行收藏。在自然界中，金以极为细小的颗粒出现在石英岩脉或花岗岩、变质岩等岩石中，称为“岩金”。金的特点是密度高、柔软、光亮、抗腐蚀，是延展性最好的金属之一。金能被汞溶解，形成金

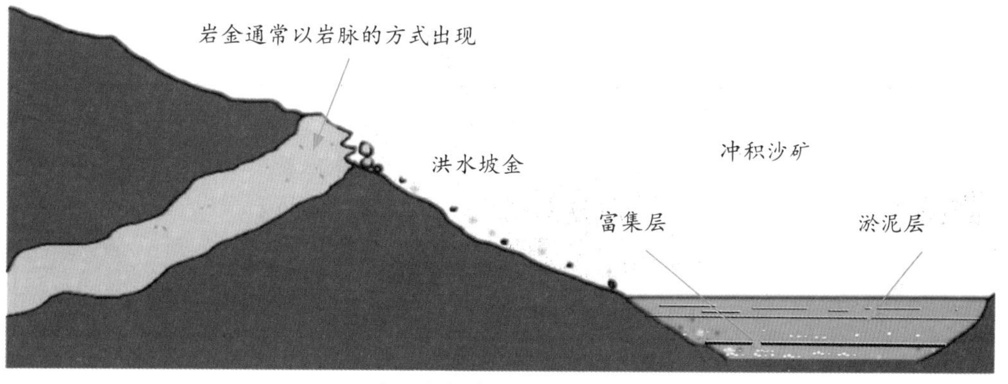

✦ 岩金分离剥蚀流进河道示意图

汞齐（一种汞与其他金属形成柔软合金）；金和银常常形成集合体，硝酸能把金银分开。

↘ 沙金

沙金就是在沙子中的金，它们从一般是石英矿脉的山体分离后，沿山坡流到河床里，与其他矿物碎屑混合，当达到一定品位*后就成为沙金矿。沙金矿的选出不需要将岩石粉碎，所以比岩金容易开采。沙金的找矿方法很多，最实用和简单的方法是“自然重沙法”。自然重沙法是根据金的比重大的物理特性，用淘洗盘就能直接筛选出来。当选出的金粒较多时，就出现了地质学中所说的“异常”，通过地质学中工程、物探等手段圈定矿体。

因为开采沙金破坏了河道，造成水土流失，所以，发达国家和地区都禁止了。但是，以修整河道为目的的合理开采，也允许业余淘金爱好者在特定的区域淘金。

↘ 如何既保护环境又开采黄金

过去开采河道都是用采金船等设备，现在中国大陆地区不允许在河床中使用了，只是在滨海地区用。加拿大 BC 省政府也制定了严格的法律，不容许在河道中开采，但容许有计划地开挖并在距离岸边一定距离之外的地方淘洗。

还有另外一个好的想法：制定好整治河道方案，兼顾保护环境和开采沙金两不误的方法，在宽河道一边先疏浚一个较深的河道，用土在上方砌成一个墙垛，在墙垛的河道内一段一段地采掘并冲沙（冲沙下游有一个较深的蓄水池）。之后在整治开采的一侧用推土机等设备修整出田地，用于种草或栽树，形成采掘—疏浚—固岸—环保修复的综合工程。

✦ 治理河道 + 掘金统筹模式图

↘ 什么是重沙

重矿物聚集的沙子简称为重沙。山是由岩石组成，由于重力、雨水、风蚀等作用，山上的岩石破碎成小块坠落到下面，由河水搬运，沿着河床从上游到下游，由大块到小块，最后组成岩石的矿物全都分离出来。大矿物破碎成小矿物，进一步破碎成小颗粒（0.21 ~ 1 毫米）矿物。密度大于 2.86 克 / 立方厘米的矿物在沙样筛分中被称为重矿物。重矿物在岩体中含量少于 3%，由于它们的晶格能* 稳定，即抗风化能力强，岩体或矿体被水系切割后，重矿物被分离和迁移到下游，远离母岩体或矿体。一般可以根据单位体积样品中重矿物的数量和自形程度，判断距离岩体或矿体的远近。而矿物中抗风化能力弱的橄榄石、辉石、角闪石等不易被保存。锆石、金红石、电气石稳定，经常用它们的组合（“ZRT”指数）来判断距离目标体（岩体）的远近。如白沙滩，就是先由河水搬运和分选逐渐远离山体，到达海滨后再由海水不断淘洗，形成了白色透明的石英颗粒堆积。

↘ 重沙的意义

重沙最主要的意义是利用重矿物分析、判断和追踪源区。在寻找上游的物质来源时，下游的矿物组合、数量、自形程度将指示距离母岩的距离和可能有什么。如果根据矿物向上游追踪，这种找矿法又称“重沙测量”。沿水系、山坡或海滨等，对疏松沉积物（包括冲积、洪积、坡积、残积、滨海沉积等）系统采集样品，通过重沙种类和数量的分析，结合工作地区的地质、地貌条件和其他找矿标志，发现并圈出矿体的机械分散晕，据此进一步追索母岩体或原生矿床。

↘ 金刚石沙矿

金刚石的主要成矿母岩是金伯利岩，它是一种平面面积小（直径小于 1 千米）、纵向成管状、常常被掩埋在低于地面的火山口，不容易寻找到。金刚石沙矿指的是从金伯利岩管分离出来的金刚石，溜到河道中与其他矿物沙粒组成的混合物，当达到一定品位时，就是金刚石沙矿了。我国湖南常德、山东郯城地区都曾经开采过金刚石沙矿。金伯利岩管在纵向上呈胡萝卜形状，上部最宽也就 900 ~ 1000 米，大颗粒的金刚石像浮漂一样在岩管的上部，或被带出到沙矿中，所以常有大颗粒金刚石出土。

石榴子石和锆石的富集

除了金刚石以外，石榴子石*、锆石*、磷灰石*都是硬度大和耐磨度较高

✦ 经过加工的金刚石，配上金属托后就成为钻戒

✦ 加工好的锆石

✦ 因为锆石含有微量元素，颜色变化非常多

✦ 橘黄色菱形十二面体石榴子石

✦ 紫红色石榴子石

✦ 石榴子石加工出来的手链

✦ 细粒的石榴子石，用于工业研磨原料

✦ 滨海地区的聚集锆石

的矿物，它们抗风化能力强，所以在河床的下游如滨海相地区，其他矿物都消失了，而它们还能保存并富集。这些矿物，当颗粒较大时（大于 2 毫米），可作为宝石。

↘ 造景摆石

之所以在这里提到“造景摆石”，是因为河床里常常可以捡到河水不断冲刷出来的各种各样的圆形石头，可以用它们制作成室内的摆件。本书作者的第一件摆件是在 1982 年制作的，在北京房山区有一片石英砂岩，在一个土路通道壁

✦ 北京植物园内的岩石摆件

附近 有许多风化成型的石英砂岩 造型成为陡峭的山体 后配上汉白玉小石板 特别得好。作者认为 岩石是一方面 重要的是能用其表达有构思、将自然与生活结合的人。

✦ 加拿大温哥华地区海边经常有人在这里将石头摆得很高，成为当地一道观赏风景。这种石头是花岗岩石，因为表面布满了麻粒状的矿物，增加了稳定性

✦ 可以用河床中捡回的圆片石，清洗晾干后将它们粘在一起，放在案头和窗台上

↘ 河滩和海滩摆石

河滩和海滩有许多现成的石头，有爱好者挑战自己的耐心，在失败了多少次后，搭成了平衡艺术品，被称为“平衡石”。自然界中有许多天然的平衡大石块，如黄山的飞来石，但是游客不要去推这些石块，这些平衡石的平衡是容易遭到破坏的。

☑ 进一步阅读

品位： 是指矿石（或选矿产品）中有用成分或有用矿物的含量。大多数矿产以有用成分（元素或化合物）或有用矿物含量的质量百分比 (%) 来表示。原生贵金属矿产，则以每吨矿石（或精矿、尾矿等）中含有的金属（金、银、铂等）质量（克 / 吨）表示。金刚石的品位特殊，以每吨多少克拉来表示。

晶格能： 矿物晶体由更小的“晶格”组成，是离子元素结合的单位，用晶格能描述矿物的稳定性，也就是离子间的结合力。晶格能越大，表示离子之间的结合力越强，晶体越稳定。

石榴子石： 主要产自岩浆岩和变质岩，在沉积岩聚集的是冲积型，来自山体的风化富集而成。它是一种硅酸盐矿物，颜色变化大。

锆石： 又称锆英石，宝石界把锆石、绿松石、青金石同列为十二月生辰石，象征着胜利、好运的意思。在日本称之为“风信子石”，也是十二月生辰石，同样象征着成功。它是提炼金属 Zr 和 Hf 的主要原料，还含有 Th、U、TR 等元素。现代工业日益重视对其耐高温耐腐蚀特性的研究，例如制作出“锆晶棒”。锆石广泛存在于酸性火成岩。锆石最主要的特点就是化学性质很稳定，所以富集在远离山体的滨海地区。

磷灰石： 存在于火成岩和变质岩中的含磷矿石，因其含磷，是制造磷肥和磷素及其化合物的最主要矿物原料，最常见的磷灰石是氟磷灰石。磷灰石的形状为长条状透明晶体，颜色多样。

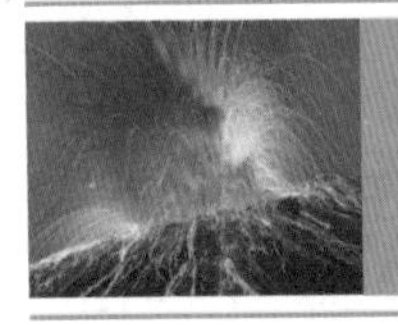

岩浆岩

主要内容： 什么是岩浆岩　没有岩浆岩就没有人类　旅行中最常见的两种岩浆岩：花岗岩和玄武岩

什么是岩浆岩

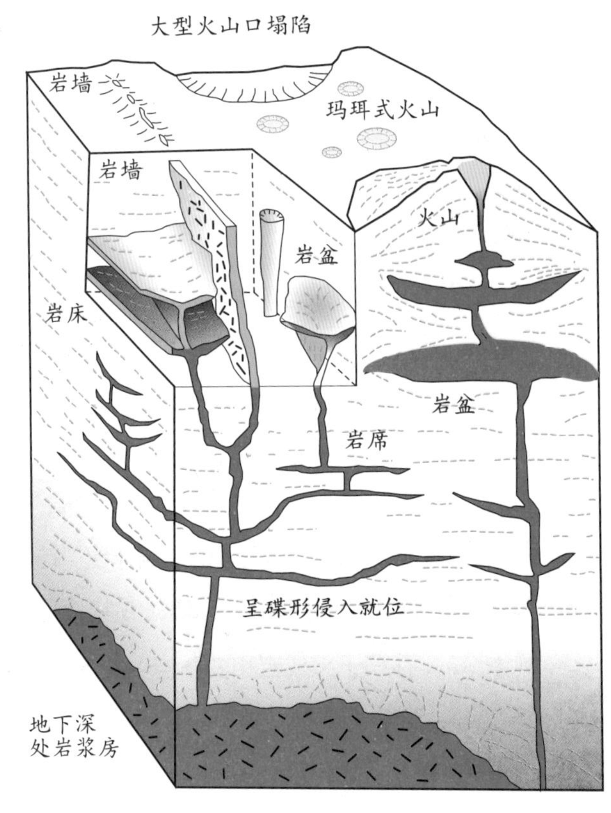

✦ 岩浆活动示意图

岩浆岩是由炽热岩浆形成的岩石。沉积岩是水搬运形成的，所以有人称沉积岩为“水成岩”，岩浆岩相应地被称为“火成岩”。当岩浆喷出地表形成岩石，称之为“火山岩”，如最常见的玄武岩；而岩浆没有喷出地表，而是侵入到上地壳成为“侵入岩”，如最常见的花岗岩。喷出的火山岩快速冷却、结晶时间短，其组成岩石的矿物颗粒细小，不借助放大镜很难看到其中的矿物，如玄武岩；而侵入岩在地下缓慢结晶，形成的时间长，所形成的岩石中组成矿物颗粒大，如花岗岩。所以，从岩浆岩组成矿物的颗粒度上来看，就可以区分是侵入地壳中所形成的侵入岩，还是喷出地表所形成的火山岩。在火山岩与侵入岩之间还有侵入到近地表的玢岩和斑岩*，它们常以岩脉和小型侵入体出现。科学家根据侵入体的形状，称它们为岩墙、岩席、岩床、碟形岩席等。

旅行者用肉眼或借助放大镜能识别岩浆岩中的颗粒。岩浆岩与沉积岩明显的区别是：①沉积岩中的矿物颗粒大小均一，磨圆度好；而岩浆岩中矿物颗粒大小不均一，没有磨圆度。②沉积岩有层理之间在颜色上的差别，而岩浆岩无层理变化。

✦ 形成较晚的岩浆岩脉侵入地层（祁连山，黄杰摄影）

↘ 没有岩浆岩就没有人类

岩浆从地下深处带到地表各种元素、微量元素和矿物质（钠、镁、硅、磷、氯、钾、钙、钒、铬、锰、铁、钴、镍、铜、锌、砷、硒、溴、钼、锡和碘），这些物质完全混入水和土壤中，提供给人类饮用水和植物生长所必需的营养。可以说，没有地下岩浆带到地表的各种元素，就没有动植物和人类。

↘ 旅行中最常见的两种岩浆岩：花岗岩和玄武岩

岩浆岩的分类有矿物分类和化学分类两种，因它们的各种成分含量不同所形成的岩石可达上万种，然而旅行者最常见的岩浆岩是花岗岩和玄武岩。

花岗岩在我国各地都有分布，如广西的大容山地区、河北的太行山中段和北段、河北承德地区、内蒙古等地。花岗岩的体积大，占地壳总体积的 65%。我国的花岗岩从地质时代看：太古宙至晚古生代的花岗岩分布在昆仑至秦岭的北方地区，中生代的花岗岩分布在大兴安岭—太行山—武陵山一线以东的中国东部和金沙江、澜沧江、怒江地区，新生代花岗岩分布在西藏和滇西地区。花岗岩是最广泛使用的装饰石材，地铁、楼宇的墙面和地面常用花岗岩建造。特点是没有层理和颜色不深，近处看可分辨出透明的石英、白色的斜长石、肉红色的钾长石和黑色的云母等矿物。

玄武岩通常是黑色、颗粒较细，一般由橄榄石斑晶和细粒的斜长石为基质构成，肉眼不易识别其中的矿物。玄武岩是由含量 45% ~ 52% 二氧化硅岩浆喷发而成，由于喷发时产生大量气孔，后期被二氧化硅含量更高的物质充填成为玛瑙。玄武质火山口成群喷发而且伴有裂隙溢流，容易形成大面积分布的玄武岩台地。在我国的东北、内蒙古中东部、张家口地区分布有大量的新生代玄武岩，如内蒙古乌兰察布市、锡林郭勒盟、呼伦贝尔市、河北张家口市、黑龙江省、海南省等地。在装饰成品中，玄武岩磨制出的板材属高档建材，深受北美居民喜爱。另外，玄武岩也被用作铺路和制作轻型建筑材料，近 10 年用玄武岩材料“纤维拉丝”，实现了工业化生产。玄武岩纤维用途广泛，用作摩擦材料、造船材料、隔热材料、汽车行业、高温过滤织物以及防护等多个领域。

☑ 进一步阅读

玢岩和斑岩： 它们是岩浆在近地表形成的浅成侵入体。通常具有斑状结构，中基性岩（SiO_2 含量在 53% ~ 62% 为中性，SiO_2 含量在 45% ~ 52% 为基性）的斑晶有辉石和基性斜长石，其次为角闪石、黑云母、橄榄石，称为“玢岩”（如：宁芜地区著名的梅山玢岩铁矿的主要岩石是辉石闪长玢岩）；而当斑晶以石英、钾长石、含钠高的斜长石、黑云母、白云母为主时，称为“斑岩”，如石英斑岩、花岗斑岩、正长斑岩等。

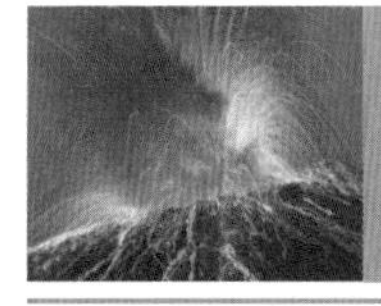

刘海粟大师十上黄山

主要内容： 刘海粟大师谈黄山　黄山　什么是花岗岩　为什么许多名山都是由花岗岩组成的　花岗岩石材　花岗岩的颜色和颗粒变化

↘ 刘海粟大师谈黄山

刘海粟是 20 世纪中国最杰出的画家之一，他的画曾经拍出 16.6 亿元的天价。他曾经十上黄山，深有体会地说："黄山之奇，奇在云崖里；黄山之险，险在松壑间；黄山之妙，妙在有无间"。他对黄山之奇、之险、之妙等的领悟，均在其绘画中体现。刘海粟大师喜欢黄山的原因就是因为黄山处处有景，每次上黄山画的都是不一样的风景。中国有花岗岩之国的美誉，是因为世界最壮观的花岗岩造山的景色都在中国境内。

✦ 黄山迎客松

↘ 黄山

黄山是我国著名的 5A 级旅游景区，位于安徽省黄山市，中华十大名山之一，天下第一奇山。黄山有七十二峰，其险峻和在云间的奇景，主要是由于黄山的主体花岗岩造山运动的抬升和后来的冰川刮割及常年流水的切割而形成加上“云海”和“松林”的渲染、点缀，使其成为世界奇观。如果你这一生不去看看大自然所雕塑的这些壮美大山，那将是很大的遗憾！本书作者在1987年和2004年两次上黄山，每次都为黄山的美景所震撼。九华山、三清山、天柱山、华山、衡山、普陀山、天台山、崂山、千山、祁连山和贺兰山的主体、北京八达岭、北京西郊的凤凰岭、北京延庆的古崖居、河北承德的小寺沟、乌兰察布市辉腾锡勒草原的黄花沟等地，都是由花岗岩为主要岩石的著名旅游地。

✦ 黄山（卢志摄影）

✦ 黄山

↘ 什么是花岗岩

花岗岩是一种由石英、长石和云母* 等矿物组成的，由岩浆侵入上地壳所形成的一种岩浆岩。中国花岗岩的分布* 广泛，形成的花岗岩地貌景观是世界上最

壮观的，中国又被称之为“花岗岩之国”。花岗岩所形成的奇峰，每年都吸引着国内外上亿的游客。

花岗岩中所含长石（钾长石和斜长石）、石英、云母（黑云母和白云母）的比例不同，有上万种花岗岩。最常见的是钾长花岗岩（钾长石含量多）、二长花岗岩（钾长石、斜长石两种比例相当）、花岗闪长岩（斜长石比钾长石多），斜长花岗岩（以斜长石为主）。从岩石的新鲜颜色上也可以简单地区分，当花岗岩为红色或橘红色、橘黄色时，其中的钾长石含量高于斜长石，一般来说就是“钾长花岗岩”；当岩石为灰白色和白色时，是花岗闪长岩和斜长花岗岩。有时候侧重对花岗岩颗粒大小的描述，分为粗粒、中粒、细粒花岗岩。一般来讲，中粗粒花岗岩的出露面积大于 50 平方千米，而矿物颗粒非常细的或者呈岩脉在纵向延展长的情况，则多为花岗斑岩或石英斑岩，面积小。

✦ 花岗岩有上万种，这是最常见的花岗岩。由钾长石（浅红色）、斜长石（白色）、石英（无色透明的）和黑云母（黑色）组成

✦ 黄山飞来石，常常作为风景画装饰在室内

✦ 三清山（卢志摄影）

✦ 广东省大埔县清溪镇境内的花岗岩

✦ 天柱山主体是花岗岩，国家5A级风景区，位于安徽省安庆市西部

为什么许多名山都是由花岗岩组成的

花岗岩是中国主要的造景岩石。这是因为花岗岩中的主要矿物是石英、长石、云母（黑云母和白云母），它们之间靠相互镶嵌或是之间有更小的矿物颗粒充填，这些矿物之间的联结不是很牢固。冰川刨刻、雨水切割、狂风掀起石子吹打等，这些过程就是地质学所说的“风化剥蚀”。花岗岩组成的山体抗风化能力弱，其上部多为圆形。黄山的奇、险、妙的山景，都是由花岗岩体的纵向裂理发育，经过常年雨水切割和冲刷的结果，再有其他动力的加剧，如冰川运动、构造运动等共同逐渐塑造出这些名山险峰。流水切割使得花岗岩山体被切割成一个个的独立山峰，如黄山的七十二峰。因此，花岗岩组成的山体为浑圆、高耸，许多旅游景区地被加以拟人化描述，如京西凤凰岭的“玉兔峰”“如来峰”等。与上述这些大陆内部的花岗岩不同，海岸线地区的花岗岩风化后造型别致，全世界以风化花岗岩为造景岩石的旅游地很多，如：加拿大哈利法克斯市南部的“Peggy' s Cove”。

✦ 北京西郊凤凰岭花岗岩。花岗岩山体被切割为小块，每个上部多为圆形，地质上称为“球形风化”

✦ 加拿大哈利法克斯市 Peggy's Cove

✦ 乌兰察布市察右中旗黄花沟旅游区

✦ 山西忻州的天涯山花岗岩地貌（张欣摄影）

✦ 山西忻州的天涯山花岗岩地貌（张欣摄影）

↘ 花岗岩石材

没有遭受风化的花岗岩可作为建筑装饰材料，日常生活中很常见，上下班的路上，地铁和楼宇的墙面和地面，每天你都会走在花岗岩中。许多人把它们误认为是大理石装饰材料，实际上并非如此，其实认识花岗岩很容易，因为岩石是由颗粒状的矿物构成的。花岗岩是占地壳中体量最大的一种岩石，靠近花岗岩山体的岩石都非常坚硬，还没有遭遇太多的风雨侵蚀，因此花岗岩是非常好的石材。感兴趣的读者可以仔细观看许多城市中地铁的地面和墙面，都是用从花岗岩切割下来的石板装修的。

✦ 用斜长花岗岩装饰墙面

✦ 粗粒钾长花岗岩石板

↘ 花岗岩的颜色和颗粒变化

现在大家已知道组成花岗岩的矿物主要是石英、长石、云母。无色透明的石英变化少，长石变化最大，长石中的钾、钠、钙的比例大小导致了长石无穷的变化，这就形成了花岗岩无限多的变体。当长石中钾的成分多时，花岗岩通常为红色，如我国福建省和邻国印度分布有红色花岗岩。红色花岗岩在室内装修中很流行，然而红色花岗岩中往往含有一种叫“锆石”的矿物较多。锆石具有微量的放射性，当岩石中这种矿物多时，应当避免使用。我国华南地区（包括香港、深圳等）是钾长花岗岩的分布区，住在低层的居民应当多注意通风，避免氡气聚集。当钾长石含量非常多的极端情况出现时，可以粉碎成末制成钾肥。

白岗岩*是前面谈到的斜长花岗岩的极端情况，白色、颗粒细，以黑云母星点出现为特征。北京西郊凤凰岭北部存在着中国比较罕见的白色花岗岩。中国石材业青睐于白岗岩做石材，白岗岩在石材工业被称为“芝麻白”。

花岗岩在颜色上有无穷的变化，在矿物的颗粒大小上也是如此。当你走在下黄山的路上，你会感觉脚下有麻麻的沙砾，这些多是花岗岩中的长石和石英，它们通常为 1 ~ 5 毫米直径的中等颗粒。在河北承德小寺沟花岗岩组成的岩体上行走，你会发现脚下有许多较大颗粒的矿物，它们是大颗粒的长石，是世界上少见的大颗粒钾长石斑晶。钾长石还有相互依偎在一起的双晶体，常被收藏爱好者收藏。当花岗岩中的矿物颗粒较小时，不易风化，使得石材坚硬。

在石材业并不是花岗岩一种岩石独霸，其他岩石也都非常好，如：山西黑、玄武黑、泰山红、广西的岑溪红、海南岛的大红梅、四川的中国红、内蒙古的黑金刚、江西的豆绿、安徽的青底绿花、河南的雪里梅。

✦ 钾长花岗岩

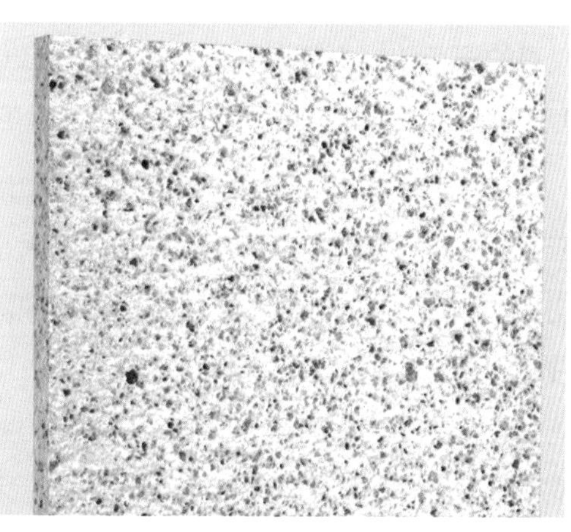

✦ 白岗岩

✦ 花岗岩中钾长石的双晶体

☑ 进一步阅读

石英、长石和云母： 是多数岩石主要的组成矿物。石英是地球表面分布最广的矿物之一，是主要造岩矿物。主要特征是无色透明、柱形、硬度为 7，因为数量大和硬度高，往往在大多数沉积岩中均能看到。长石也是主要的造岩矿物，钙、钠、钾三种元素含量的变化使得其种类很多，常见的有斜长石、正长石、透长石。斜长石由于钠、钙元素含量的不同有钠长石和钙长石为两端的变化，多数为白色、浅黄色、浅粉红色的变化，不透明。相比石英和长石来说，云母含量较少，片状、鳞片状，因此在沉积成熟度较高的石英砂岩中较为少见。因为颗粒较细，加上片状的角度折射光，容易误判为金，有的地区的居民通俗地称云母和石英混合的岩石为“沙金石”。

中国花岗岩的分布： 北京西郊凤凰岭、军都山脉的主体、八达岭居庸关山体、云蒙山，山西忻州的天涯山，黑龙江的大小兴安岭，辽宁的千山、医巫闾山、凤凰山，山东的崂山、峄山、泰山的部分山体，陕西的华山、太白山，安徽的黄山、九华山、天柱山，浙江的莫干山、普陀山、天台山，湖南的衡山、九嶷山，江西的三清山，河南的鸡公山，福建的太姥山、鼓浪屿，广东的罗浮山，广西桂平的西山、猫儿山，湖北的九宫山、黄冈陵，江苏的灵岩山、天平山，天津的盘山，河北秦皇岛市区西北的老岭，宁夏的贺兰山，甘肃的祁连山，四川的贡嘎山，海南的大洲岛、铜鼓岭、五指山等。

白岗岩：就是白色花岗岩。当花岗岩不含钾长石、不含或含有微量的黑云母矿物时的一种极端情况，几乎全部是由石英、斜长石、白云母组成。白岗岩分布极少，与钨、锡和稀有金属矿有关，如纳米比亚的白岗岩铀矿、甘肃龙首山铀矿。当白岗岩主要由石英和白云母组成时，粉碎岩石或风化为高岭土，可做陶瓷原料。

✦ 阿尔瓦雷斯 (Alvarez) 父子在野外合影。阿尔瓦雷斯，美国加利福尼亚大学伯克利分校 1945 物理学教授、1968 年获得诺贝尔物理奖、1978 年为该校名誉教授。1938 年，阿尔瓦雷斯发现一些放射性元素通过轨道电子俘获而衰变，还发现含 Ir 元素高的地层，是美国—墨西哥边境的 Chicxulub 陨石坑形成造成的（大约 6500 万年前，一颗直径为 10～13 千米的小行星撞击地球而成，被认为是导致恐龙灭绝的原因）

京西凤凰岭

主要内容： 凤凰岭国家森林公园　花岗岩地貌

凤凰岭国家森林公园

凤凰岭国家森林公园是一个以花岗岩为山体的自然风景区，位于北京六环公路的西北角，面积为1800公顷*，是颐和园的6倍多。花岗怪石、曲径上山、山阶小亭、奇花异草、空气清新。更由于是花岗岩初始风化的山体，公园蕴藏着许多地质知识。这个公园是北京市居民爬山健身、旅游观光、了解花岗岩、欣赏大自然的好地方。

✦ 京西凤凰岭标识牌

花岗岩地貌

近距离观察花岗岩山体可以发现，花岗岩是由黑云母（黑色）、钾长石（粉红色）、斜长石（白色）和石英（无色）所组成。花岗岩的成因比较复杂，它也是世界上分布广泛的一种岩石。人们广泛开采它用作装饰材料，在城市中走路或逛商场，花岗岩几乎随处可见。

简单地说：花岗岩属于酸性（SiO_2 >65%）岩浆侵入岩，多为浅肉红色、浅灰色、灰白色等。中粗粒、细粒结构，块状构造。主要矿物为石英、钾长石和斜长石，次要矿物则为黑云母、角闪石，有时还有少量的辉石。副矿物种类很多，常见的有磁铁矿、榍石、锆石、磷灰石、电气石、萤石等。石英*含量是各种岩浆岩中最多的，其含量可从20% ~ 50%，少数可达50% ~ 60%。钾长石在花岗岩中多呈浅肉红色，也有灰白和灰色的。

花岗岩的确是一种造景岩石，无论在南方还是在北方，各种地貌景观总能使人有无数的联想。凤凰岭牌子上面的各种造景描述简直是太多了。

✦ 京西凤凰岭花岗岩地貌，本书作者在2017年三次登顶。特别提醒登山爱好者，如果是秋冬季下午2点以后，不要再往上爬了，天黑得快，不好下山

✦ 京西凤凰岭花岗岩地貌

✦ 京西凤凰岭花岗岩地貌

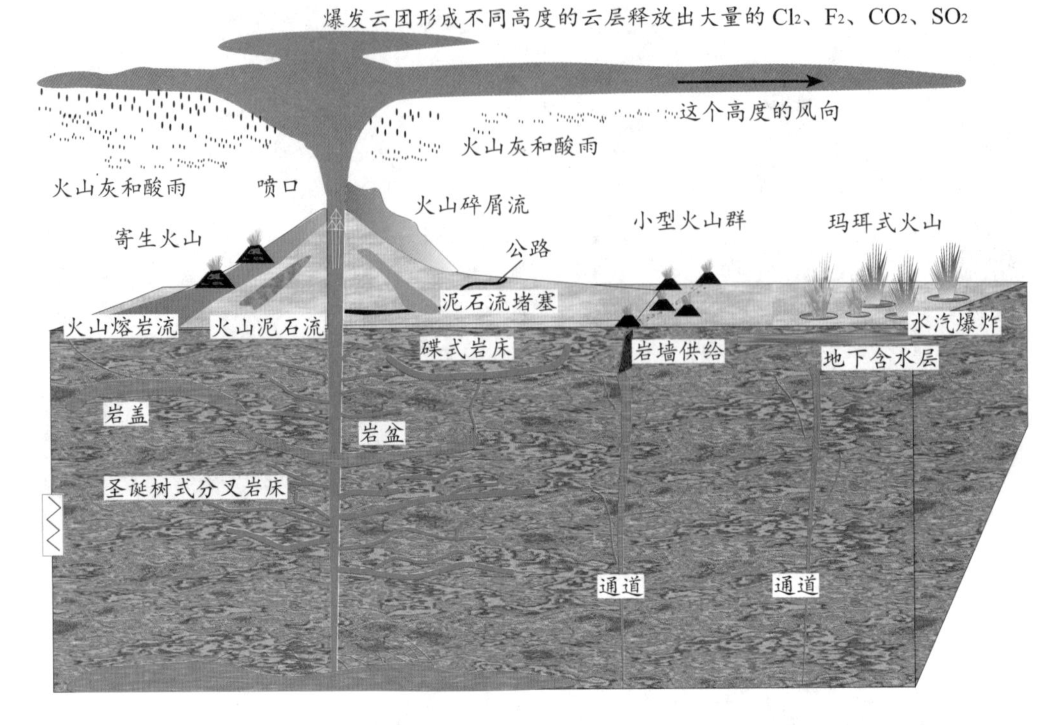

✦ 地质学通过地震监测、火山岩中矿物温压计算、大地构造分析，建立了火山—岩浆岩形成理论：岩浆来源于上地幔至下地壳的 70～150 千米的深度，金伯利岩浆来源最深，形成的都是像图片中的玛珥式火山；中酸性岩浆来源最浅，形成大型的火山。岩浆没有喷出地表则在地下形成岩盖、岩盆、松树枝杈式的岩床、蝶式岩床等。小型火山群中的火山在成分和形成时间上没有什么变化，如阿巴嘎、达里诺尔火山群。现代大型火山都分布在环太平洋板块俯冲带上，大型活火山的侧面分布着小型的寄生火山。火山爆发炽热的岩浆、喷出的有害气体、熔岩流和泥石流、酸雨和有害气体都在威胁着人类。有害气体甚至在数月中飘逸达几百千米

☑ 进一步阅读

公顷：北京的天坛 273 公顷 颐和园 290 公顷 圆明园 350 公顷 植物园占地面积 400 公顷 一个比一个大 你有概念吗? 这样理解就简单了: 1 平方米你有概念, 100 平方米就是 10 米 ×10 米的面积 而 100 米 ×100 米 =10000 平方米 这相当于一个大学标准操场的面积（足球场地和周围跑道的总面积），就是 1 公顷! 有了这些概念就可以进行比较了，也就是说: 290 公顷的颐和园的面积相当于 290 个标准操场的面积。公顷与其他常见单位的换算是: 1 公顷相当于 15 亩（中国农村使用的）。在面积计算中, 1 平方千米 =1000 米 ×1000 米 =100 万平方米。上面 1 公顷为 10000 平方米 所以: 1 平方千米 =100 公顷。也就是说颐和园的面积是 2.9 平方千米 而凤凰

岭的面积则约为 18 平方千米。

石英：是地球上最主要的造岩矿物，化学成分是 SiO_2。纯净的石英无色透明，石英因含有杂质而形成各种鲜艳颜色，最常见的是紫水晶，还有浅玫瑰色的蔷薇石英、烟色的烟水晶、褐色的茶晶等。石英是做玻璃的原料。

✦ 锡林浩特市南 32 千米由东南方向向西北方向照相。平顶锥形体，巍巍壮观。它们是熔岩流台地边缘衍生的桌子山地貌

✦ 克什克腾旗世界地质公园，以层状裂理发育闻名的花岗岩地貌

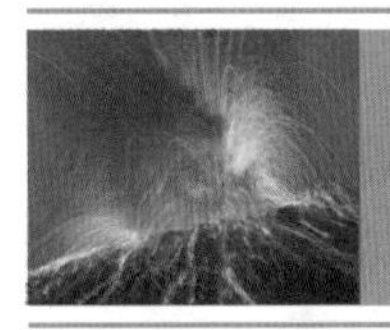

熔岩流台地和桌子山地貌

主要内容： 熔岩流台地　世界著名的熔岩流台地　中国陆地上的熔岩流台地　盖约特地貌和桌子山的由来　桌子山式的“假火山”地貌　中国地貌景观对比

↘ 熔岩流台地

玄武岩浆又被称为基性*火山岩浆，含铁、镁等元素较多，岩浆流动性大。当基性岩浆爆发以溢流为主的时候，它便以火山口、串珠排列的链状火山口、火山裂隙等形式喷溢出，形成大规模的玄武熔岩流区。长期的风化剥蚀，最初岩浆溢流的中心、链状火山口、裂隙容易消失，所以，我们现在所看到的多为玄武质的平地，周围风化后形成高出地面的台地。

↘ 世界著名的熔岩流台地

德干玄武岩台地是世界最大的玄武岩台地，由 1800 多米厚且平坦的玄武岩熔岩流组成，覆盖印度中西部近 50 万平方千米。许多地质学家认为，这样大规模的喷发出的有害气体和温度变化是导致气候改变和生物灭绝的原因。美国西海岸的哥伦比亚玄武岩台地，火山喷溢在 600 万 ~ 1700 万年前，呈线性排列，有的长达 150 千米，体积大约有 17 万立方千米。另外，还有北爱尔兰的熔岩流台地，这些台地厚度大，其边缘都没有桌子山地貌。

↘ 中国陆地上的熔岩流台地

中国陆地上的熔岩流台地一般位于中国的第二台阶*上，从内蒙古乌兰察布市的四子王旗、卓资县、察右后旗，东至锡林郭勒盟，南至河北省张家口市，分布近 110000 平方千米，它是由火山活动所形成的火山熔岩流台地。

↘ 盖约特地貌和桌子山的由来

盖约特（Guyot）地貌是美国科学家哈利·哈蒙德·赫斯在 20 世纪 40 年代用回声测深仪在大西洋底发现的。为纪念美国地理和地质学家 Arnold HenriGuyot (1807—1884)，命名这种平顶的圆形锥形体为盖约特地貌。盖约特地貌也被称为桌子山。盖约特是一种孤立的、平顶的海底火山，顶部圆形的直径可达 10 千米，位于海平面 200 米之下。已知的海底盖约特地貌有：太平洋中的瓦列里厄海底桌子山、约翰逊角海底桌子山、赫斯海底桌子山、林恩海底桌子山等。对海底桌子山成因的认识有二种观点：一种认为这些山原先是高出海面的火山，后被海浪夷平；另一种认为是珊瑚、鸟粪堆积而把火山口填满。

↘ 桌子山式的“假火山”地貌

锡林郭勒盟锡林浩特市区南 30 千米，在熔岩流台地边缘有 40 多座不同形状的锥形体，形成了独具特色的地貌观赏区。锥形体 130 米高，椎体的上部有 9 ~ 15 米的玄武岩流层。如果从一个方向观察，容易被误认为是火山喷发形成的锥形体，它们是上层玄武岩底层沉积岩的二元结构，顶部没有火山口，是一种陆地的桌子山地貌，是继我国雅丹、丹霞、张家界、嶂石岩、岱崮之后的第六种地貌。

↘ 中国地貌景观对比

中国具有自然风光旅游开发价值的岩石造景地貌有“喀斯特地貌”“岱崮地貌”“张家界地貌”“嶂石岩地貌”“丹霞地貌”。喀斯特地貌，既在地面上成景也在地下发育，而后四种在地面上。喀斯特地貌、嶂石岩地貌和岱崮地貌都与石灰岩有关，构成嶂石岩的岩石除了石灰岩还有泥灰岩和砂岩。而张家界地貌和丹霞地貌的主体都是砂岩，所不同的是丹霞地貌是陆相砂岩，而张家界地貌为滨海相砂岩。滨海相砂岩中的碎屑胶结物比陆相砂岩中的碎屑胶结物要细而坚固，因此风化碎裂的形态更具有棱角；而陆相沉积岩组成的丹霞地貌，风化碎裂的棱角为浑圆型。西北地区的雅丹地貌则是风蚀为主的地貌。

✦ 内蒙古锡林浩特市陆地桌子山，有与台地连体的（X）、独立的（Y）、正在消失的（Z）三种。由台地边缘被风化产生裂解细纹开始，发展切沟（V）和坳沟（U），桌子山不断演化，总有新生的桌子山产生，前赴后继，台地向后退去。乌兰察布市察哈尔右翼后旗熔岩层厚度太大，目前只见U形坳沟

✦ (a)(b)(c) 分别是印度的德干、美国华盛顿州的哥伦比亚、北爱尔兰的玄武岩台地，(d) 海底的桌子山，(e) 丹霞地貌，(f) 嶂石岩地貌，(g) 岱崮地貌［(Z 为正在消失和完全消失的岱崮地貌，Y 还有“崮”的岱崮地貌）岱崮地貌 (g) 为任传玉摄影］

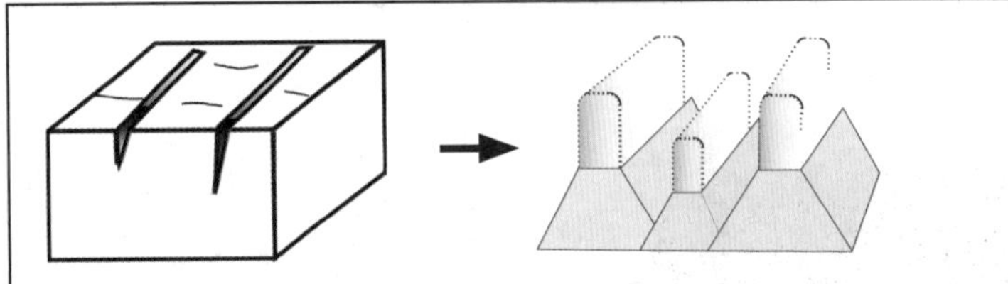

丹霞地貌：丹崖绝壁。造景岩石是陆相砂岩，碎屑胶结物相对松散，所形成的块体棱角圆滑。

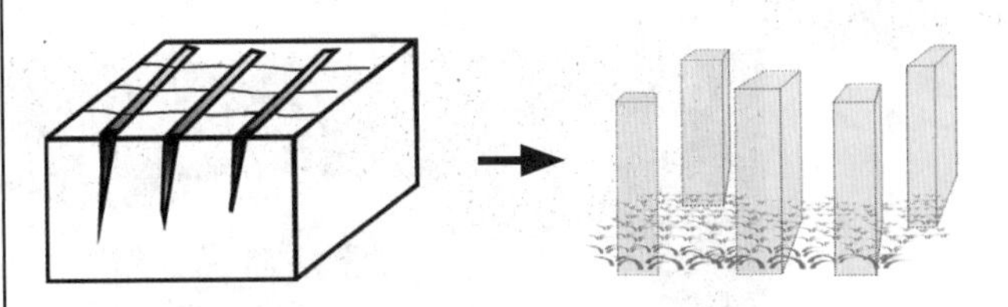

张家界地貌：造景岩石是海相砂岩，碎屑胶结物相对坚固，形成石柱和石墙的块体棱角分明。

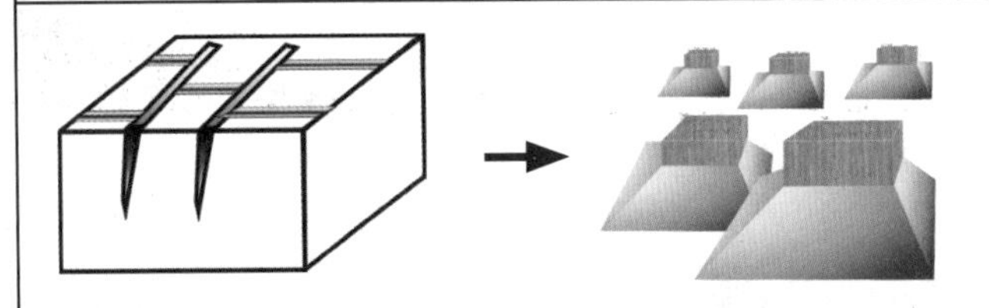

岱崮地貌：造景岩石是石灰岩，水流侵蚀、重力崩塌形成棱角分明的方山。

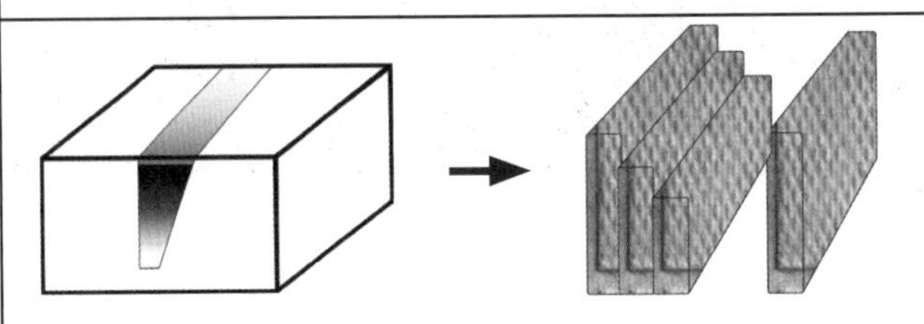

嶂石岩地貌：造景岩石是砂岩和石灰岩，形成身陡、多层阶梯长崖，棱角分明、延展长。

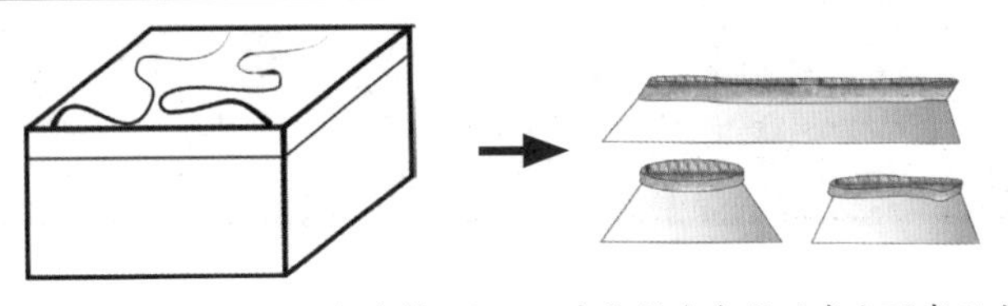

桌子台地貌：形成在第四纪。山底部的中生代砂岩和页岩及上覆的玄武岩构成桌面，形成上面平整的、形态各异的桌子山。

✦ 中国造景地貌演化对比图

☑ 进一步阅读

基性： 按照 SiO_2 的含量，可以把岩浆岩分成酸性岩类（SiO_2 含量大于 65%）、中性岩类（SiO_2 含量为 53% ~ 64%）、基性岩类（SiO_2 含量为 45% ~ 52%）和超基性岩类（SiO_2 含量小于 45%）。基性侵入岩是辉长岩，基性喷出岩是玄武岩。如果旅行中看见黑色的岩石，一般都是基性岩，这主要是因为基性岩石中含有黑色的辉石和角闪石矿物，中国从贵州—湖南的湘西—临沂的费县存在成群的辉绿岩墙（属于基性岩的一种），而大同—乌兰察布市—锡林郭勒盟则大面积地分布玄武岩。

台阶： 一般是指在大门前或坡道上用砖、石、混凝土等筑成的一级一级供人上下的梯状建筑物。中国地貌以台阶来描述由中国西部到中国东部海拔高度上的变化。第一级台阶为青藏高原，海拔在 4000 米以上；第二级台阶是太行山 — 神农架 — 贵州的雷公山所构成的北东 23°角线，这条线和第一级之间的海拔范围为 1000 ~ 4000 米。最明显的变化路线是：从石家庄穿越太行山，或从北京的南口上到八达岭和延庆区，就等于上了一个阶梯；第三级台阶是我国的主要平原区，海拔在 500 米以下。

✦ 锡林浩特市南 30 千米，分布着 40 多座平顶锥形体，不是火山是由玄武熔岩台地经过以风蚀打磨而衍生的桌子山地貌，是世界上独有的地貌

玄武岩中的柱状节理

主要内容： 玄武岩柱状节理　柱状节理地貌景观为主体的世界地质公园　柱状节理地貌景观在中国的分布

玄武岩柱状节理

许多旅游者见到玄武岩柱状节理，都十分惊叹，大自然雕塑出的这些规整如数学几何形状的大石柱，真是巧夺天工！科学研究表明，玄武岩浆从爆发、喷溢、充填火山口的整个岩浆活动中，首先参与的是水汽岩浆，这样有足够的爆发力冲破地表岩层；喷涌和喷溢玄武熔岩流沿地面平行流动，这个阶段是玄武岩浆作用最主要的阶段；在整个岩浆作用晚期时，地下岩浆房形成的偏中性的岩浆充填，岩浆的黏度比岩浆喷溢早期高，垂直上升。在没有上覆的压力时，岩浆在这个方向冷凝收缩得快而产生垂直裂理，我们也称之为柱状节理。柱状节理横断面有六边形、五边形，甚至还有四边形。

在乌兰察布市察哈尔右翼前旗的"谷力脑包村"柱状节理地质遗迹。柱状节理像人工雕塑一样直立排列，分布范围大致呈圆形，组成圆形边部的柱状节理较小，组成圆形中心的柱状节理较大。此外，后旗南部的"老圈沟乡"境内还分布着大面积玄武岩柱状节理。

柱状节理地貌景观为主体的世界地质公园

在世界许多玄武岩、玄武安山岩、安山岩分布区都能见到柱状节理，节理柱以六边形或五边形最为常见，是天然的地貌景观。世界最壮观的柱状节理是北爱尔兰、英国、挪威、印度的德干高原、我国香港地区的玄武岩柱状节理。世界著名旅游胜地北爱尔兰的长堤，28 ~ 50 厘米直径的石柱一根挨着一根，有 4 万多根，延绵 6 千米，气势恢宏。另一个世界著名旅游地是美国怀俄明州的"魔鬼塔"，以其高为特点。

✦ 北爱尔兰长堤

✦ 北爱尔兰长堤

✦ 香港地质公园

✦ 香港地质公园

✦ 怀俄明魔鬼塔

✦ 乌兰察布市谷力脑包地质遗迹

✦ 鸭绿江望天鹅景区（王德纪摄影）

✦ 锡林郭勒盟太仆寺石条山

↘ 柱状节理地貌景观在中国的分布

云南腾冲、广西岑溪、福建漳州市、福建澄海牛首山、浙江衢州市、四川嘉陵江上游地区、青海海西州、江苏南京郊区梅山铁矿附近和六合区、山东即墨市马山、山东昌乐县、内蒙古锡林郭勒盟的太仆寺旗、内蒙古乌兰察布市察右前旗的谷力脑包、河北张北县、吉林四平市、吉林白山市长白朝鲜族自治县十五道沟等地都有柱状节理地貌。

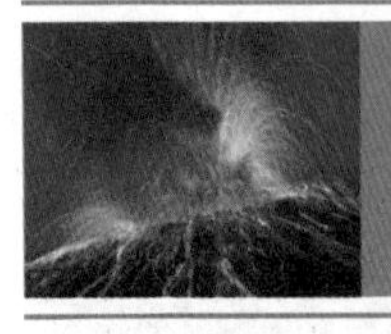

乌兰察布的世界奇观

主要内容： 火山的喷发形式　火山地貌　玛珥　玛珥式火山　乌兰察布市玛珥式火山口群　旅游在玛珥式火山口群中

火山的喷发形式

地质学中的火山地貌学，用“XX 式”对火山喷发的成分、喷发的方式、形成的地貌进行描述，有的用“地区名”来命名，有的用“湖泊的称谓”来命名。常见的有夏威夷式火山，它是中心式喷发和溢流结合的一种喷发，成分是玄武质岩浆，形成的地貌是低矮的火山锥体、熔岩流台地、窝头形或盾形（火山口很小）的火山。中国的海南岛、山西大同、内蒙古及东北地区的大多数火山都是夏威夷式火山。

火山地貌

火山地貌有火山锥、火山口、柱状节理、盾形火山、破火山口、火山喷气孔、火山岩针、火山弹、熔岩穹丘、绳状熔岩、熔岩鼓包、熔岩喷叠锥（喷气叠锥）、枕状熔岩、熔岩被等。

玛珥

玛珥（maar）是德语，是德国西欽菲尔地区居民对当地小型湖泊的称谓。

玛珥式火山

一般旅游者都普遍认为火山都是高出地面的锥状体，实际上还有许多火山是低于地面或低平圆形地质体，如：金伯利质火山、玛珥式火山，其火山口沿既有高出地面的，也有低于地面的。玛珥式火山最早发现在德国，其境内有 60 多座充满水呈湖状的火山，这些火山多数无口沿，只有少数存在高出地面的口沿。玛珥式火山口与超基性火山和金伯利火山相同，易被掩埋、不易识别，与常见的

高出地面的锥状体火山口不同，是以负地形、圆形或椭圆形状、面积小和成群出现为特征。

↘ 乌兰察布市玛珥式火山口群

位于内蒙古自治区乌兰察布市卓资县北部与察哈尔右翼中旗之间的180平方千米的盆地中，分布有大大小小180多座火山口，堪称世界罕见，是世界级的火山口群。地质研究证明，它们是岩浆在近地表与地下水相遇，产生上冲的水汽，在地下一至五次爆炸，爆炸次数少的位置形成小和浅的火山口，而爆炸次数多的地方形成较大和较深的火山口。这片以负地形为特点的火山口群在规模、密集程度和保存完好程度上都是世界上第一位的。世界上多数玛珥式火山口群被水掩埋，而在乌兰察布市的这一地区，旅游者是可以走到火山口底部的。

✦ 德国玛珥式火山口

✦ 乌兰察布玛珥式火山口，当地人称为“海子”

✦ 吉林玛珥式火山口

✦ 湖光岩玛珥式火山口

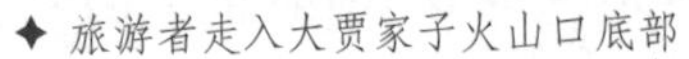

✦ 旅游者走入大贾家子火山口底部

✦ 白尖火山口，2020 年 7 月积水呈湖

✦ 察哈尔右翼中旗三维卫星图片，两个小型玛珥湖

↘ 旅游在玛珥式火山口群中

在乌兰察布市，旅行者可以走到大贾家子火山口底部近距离观赏火山地质的奇观，由此就成为世界上少数能站在玛珥式火山口底部的地球人。这是因为乌兰察布市玛珥式火山口群是世界上少有的干涸的玛珥式火山口，而世界上其他地区的玛珥式火山口均被水填充成玛珥湖。火山口底部由黑色土壤组成，是周围玄武岩盖层的风化土，富含铁、镁元素，如果旅行者从南方来，可以带些土回去，对于南方的红色土壤来说，这些就是肥料。在玛珥式火山口的侧面，你能看到火山口圆形的湖岸线。如果你还有时间过夜的话，晚上可以躺在火山口中

观看漫天的星星和流星雨。这里没有城市耀眼灯光的干扰，布满星辰的天空湛然呈现，一览无余。

2020年，乌兰察布市玛珥式火山口群与察哈尔右翼后旗高出地面的夏威夷式火山一同被批准为国家地质公园。相信在未来的50年，乌兰察布市还会发挥更大的设计想象，比如他们可以利用玛珥式火山口的天然形状，罩上一个像国家大剧院那样的玻璃罩，建造世界首座天然滑冰场、天然足球场和天然体育馆，侧面为看台，底部为场地，或者他们也可以将火山口建成为天然蔬菜大棚。

✦ 中国至北美航线要经过阿留申群岛弧火山链，在飞机上可以俯瞰非常壮观的Aniakchak破火山口。破火山口指的是一座火山爆发后形成后又崩塌成为一个直径巨大的凹陷，是对全球生物环境破坏较大的一种火山爆发，目前科学家发现有坦桑尼亚的Ngorongoro火山口（直径为19千米）、美国黄石公园破火山口、厄瓜多尔的加拉帕戈斯群島破火山口等。

✦ 俄罗斯 Mir 是 20 世纪世界第一大金刚石矿山，现已开采完了，留下了一个深 800 米、直径 1200 米的陀螺型的大洞，直升机稍不注意就会被气流卷入洞底。矿山开采完毕后，2 万人的城市未来生计成了难题

✦ 有人设想为这个洞罩上一个太阳能玻璃罩，建造一个新型城市。里面分 10 层，最上面完全可以种庄稼和蔬菜，发电，设立阳光通道，建养老院、托儿所、城市公园和体育馆等；第 2 层为住宅，最底部为监狱

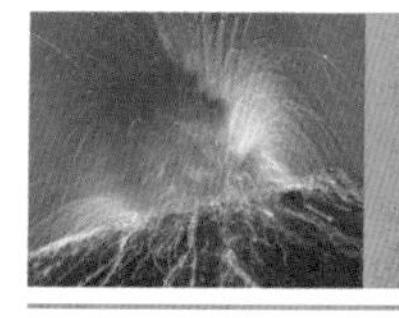

新生代火山

主要内容： 什么是新生代　火山　新生代火山　乌兰察布新生代火山群　第四纪火山和火山群　锥形火山　锡林郭勒盟火山群

✦ 火山（菲律宾境内）

↘ 什么是新生代

从地球诞生的46亿年前至今，地质学上分为许多地质年代，在前面“走进沉积岩区”中，我们熟知的恐龙年代是中生代的三叠纪—侏罗纪—白垩纪（2.52亿～0.66亿年前）；再早，软体动物大繁盛的寒武纪—奥陶纪（5.41亿～4.44亿年前）是属于古生代；新生代* 则是0.66亿年前（6600万年前）至今，这个年代进一步划分为古近纪、新近纪、第四纪。人类正是处于第四纪时期，第四纪与我们密切相关。最主要的特征是生物种群非常接近现代的生物种群，而人类演化从早期的猿人阶段（200万～100万年前），至3万～2万年前人类进入北美洲，现在则占领了包括南极洲的各个大陆。

↘ 火山

地下岩浆上侵，在近地表表现为喷出后形成锥状体；或遇到地下水，产生水蒸气，地下爆炸产生由地下塌陷开始带动地表塌陷，形成低于地面的玛珥式火山。

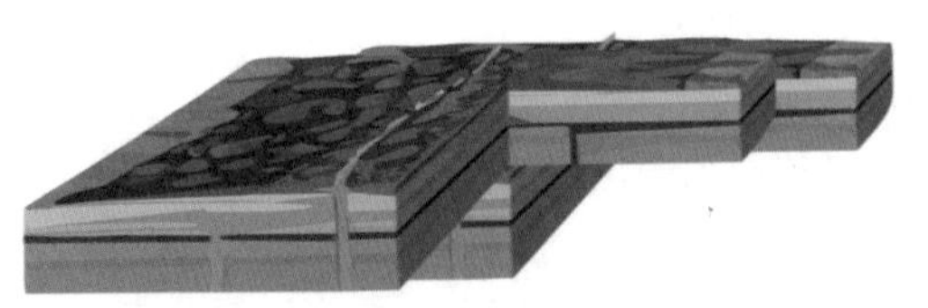

✦ 冰岛式玄武岩浆裂隙溢流

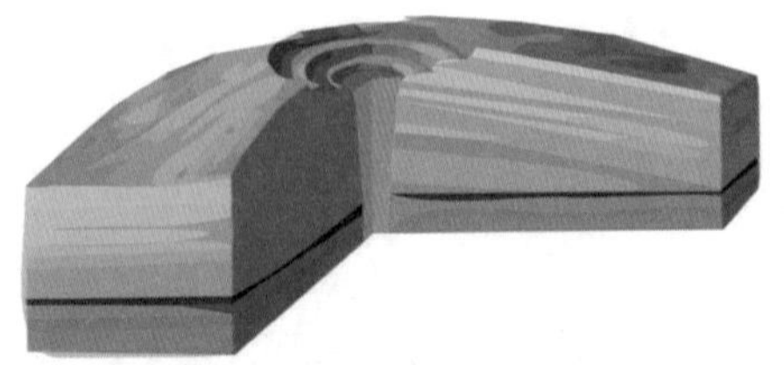

✦ 夏威夷式火山中心喷发—溢流

✦ 普林尼式喷发，以流纹质与粗面质岩浆为主，是黏度最大、爆发最强烈的一种

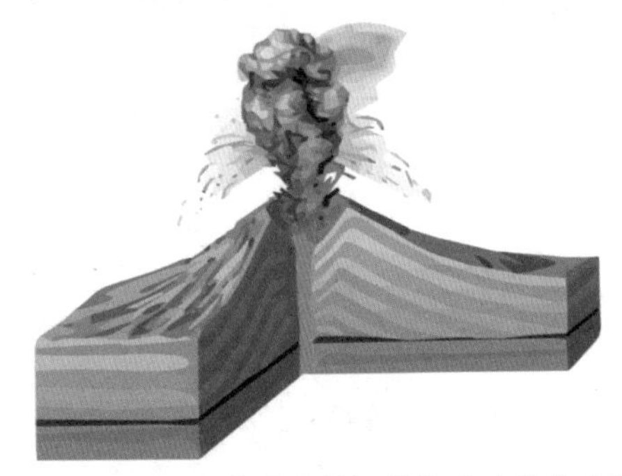

✦ 斯通博利型，持续中性、基性成分岩浆喷发，有“地中海灯塔”之称

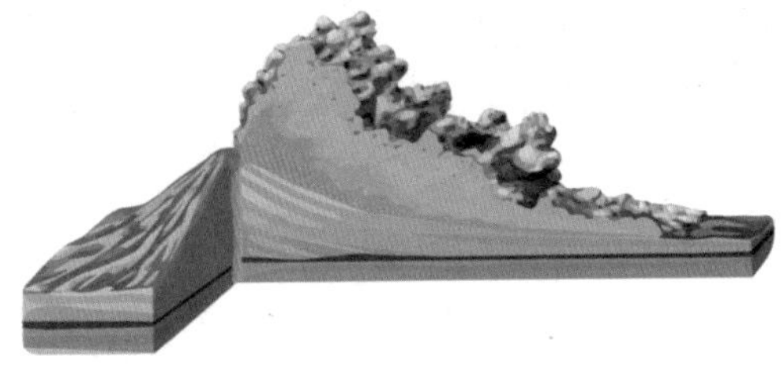

✦ 培雷式喷发。西印度群岛马提尼克岛培雷火山，1902 年的喷发，死亡人数超过 3 万人。以高黏度流纹质岩浆爆发为特点，产生炽热的火山灰云，由高热度气体和火山灰微粒组成

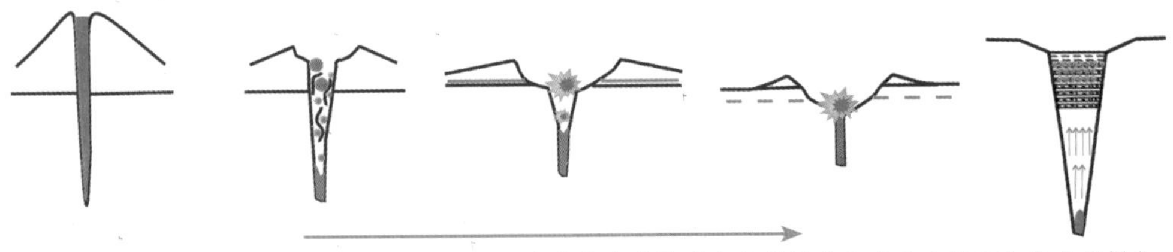

✦ 小型火山口和完全负地形的火山口，是因为岩浆由中基性成分向基性成分变化和地下水参与量增加，地貌上由 300 米高到完全负地形的变化

高出地表的锥状体，常见以下三种形式：

✦ 冰岛北部的火山渣锥

火山渣锥是一种简单的锥形火山，以喷发的碎屑为主，火山口呈碗形，火山峰最高大约 300 多米。陡峭的侧面由松散、破碎的火山渣组成，这些火山渣落在靠近火山口的地面上。

✦ 印度尼西亚的复合火山

火山熔岩锥的组成则以熔岩侵入为主，上部开口小，以爆发形式形成少量的火山碎屑岩（火山集块岩和火山角砾岩）和气孔较多的火山熔渣。如锡林郭勒盟南部、乌兰察布市前旗、印度德干高原部分地区。

✦ 哥斯达黎加的复合火山

复合火山也称为层火山，它是介于如上两者之间的一种火山。喷发的碎屑和熔岩交替形成一层堆积一层，最终形成一个锥形火山。爆炸性地释放气体、火山灰、浮石，地球上大多数火山都是这种类型。伴随着火山喷发，还可形成强大的泥石流，导致的灾害会很严重。例如印度尼西亚的喀拉喀托火山、菲律宾的皮纳图博山火山和美国华盛顿州的圣海伦斯山火山。

✦ 莫纳罗亚的盾形火山

盾状火山是一种坡度平缓的火山，喷出的大部分是玄武质熔岩，持续时间长，爆炸很少，形成相对平缓的火山。形成的体量可以很大，如美国夏威夷的基拉韦厄山火山。

新生代火山

受到风、雨水等风化剥蚀的时间短，新生代时期的火山地貌基本保持原样，所以，在中国旅行只要能看到锥形的地质体，都有可能是新生代火山。新生代火山在中国分布在海南岛、南京市南部、张家口市、大同市、乌兰察布市、锡林郭勒盟、阿尔山市、呼伦贝尔市、东北的五大连池和长白山、云南的腾冲、台湾等地。不同于高出地面的锥状火山口，多数玛珥式火山口是低于地面的、负地形的火山口，如乌兰察布市玛珥式火山口群是完全低于地面的。

✦ 大同火山的无人机照片

✦ 乌兰察布市察哈尔右翼后旗的 6 号火山的无人机照片，是“火山渣锥”类型的火山

✦ 大同火山喷发由于参与的地下水较少，形成黏度较大的岩浆，喷发岩浆量也较少，较小的火山口容易被风化剥蚀而消失

✦ 五大连池火山，是一种火山喷发时地下水参与较多的火山喷发，形成火山口较大的低平火山口锥形体

✦ 乌兰察布火山地质公园（林毅摄影）

↘ 乌兰察布新生代火山群

乌兰察布市察哈尔右翼后旗分布的 8 座呈东北方向排列的火山群是旅游打卡地。其中 3 号火山口被剥离了一部分，但是当地政府建设有石梯，旅游者可以走到火山口上方，也可以下到火山口内参观游览；5 号火山口保存完好；6 号火山口被完全剥离。

✦ 乌兰察布市察哈尔右翼后旗的 5～8 号火山（由近及远）

从察哈尔右翼后旗政府有关负责同志那里了解到，从 20 世纪 80 年代开采 6 号火山，到 2003 年停止，因玄武岩气孔构造使得整个岩石质量较轻，开采的火山渣主要是用于生产轻型建筑产品的原料。现场观察表明：①火山口沿没有被挖穿；②存在数层熔渣台阶；③多处存在熔渣岩墙。与原开采单位的人员交流得知：①锥体越往颈部（中心）熔渣越致密、坚硬，越难挖掘；②熔渣岩墙和熔渣台地致密坚硬，难挖掘。这些观察现象和挖掘人员经验证明，火山喷发越往中心，熔岩渣温度越高，所形成的熔渣火山口沿壁越坚硬。锥体致密坚硬台地呈现阶梯状，这显示出火山由中心往外喷射和渐高增长的特点。虽然已经被剥离，旅游者特别喜欢，成为必到的打卡地，是科普教育和科研的好课堂，是“世界级”的地质景观。似乎旅游者就是想感受一下当年火山喷发那炙热的场面。

✦ 察哈尔右翼后旗的 6～8 号火山

另外，值得一提的是7号火山和8号火山，它们呈锥体窝头形状，锥体上方火山口很小或不显，它们虽然也是火山，但与五大连池的火山相比，由于火山喷发时参与的地下水较少，所以没有形成较大的火山口。

✦ 作者（中）在完全被剥离的6号火山口前向旅行者讲解（谢建新摄影）

✦ 6号火山口的无人机照片

↘ 第四纪火山和火山群

虽然没有记录吉林长白山天池火山是否在1万年内还有活动，但其仍可能为活火山*。黑龙江五大连池火山群共有14座火山，与吉林火山相同，五大连池火山也不能确定是否为活火山。大同火山群是中国著名的第四纪火山群，有30余座，分布在大同市云州区和阳高县境内。海南雷琼地区火山岩面积达7300平方千米，可辨认的火山口共计177座，海拔均低于300米。海南岛北部的石山和永兴一带，分布有30余座呈北西方向排列的火山群。吉林龙岗火山群有160余座玛珥式火山口群。黑龙江镜泊湖附近有13个火山口，是活火山。

↘ 锥形火山

火山形态多种多样，形态各异，主要有两个决定因素：从地下深处侵入地表的岩浆的成分和岩浆在接近地表遇到地下水的多少。锥形火山是一种火山上方开口很小的火山，主要由熔岩流侵入将地表岩石顶起的结果。由于岩浆是呈柱形往上运动，所以中间被顶起得很高，形成窝窝头形状，我们称之为“锥形火山”。

✦ 中美洲岛国尼加拉瓜火山，锥体上方的火山口很小

✦ 乌兰察布市察哈尔右翼后旗7号火山（右）和8号火山

✦ 察哈尔右翼前旗南部，存在一座（右）火山口很小的锥形火山

↘ 锡林郭勒盟火山群

锡林郭勒盟境内有两条东西向延展的火山群，堪称世界罕见。锡林郭勒盟锡林浩特市南部白银库伦牧场和阿巴嘎旗南部之间，20 多千米东西方向延展的 70 多座火山，形态保持得相当好。地面标本中存在许多橄榄石大斑晶，这些斑晶有的接近 20 毫米，但是剥离较为困难，一般不会成为宝石。这些火山是熔岩锥，岩浆起源较深，上部存在的熔渣不多。这一火山群中有许多“颜值”非常高的火山口，这些火山群开发程度低，尚未开发旅游，也没有无人机爱好者光顾过。

锡林郭勒盟首府北部、阿尔善宝拉格镇南部和阿巴嘎旗所在地东北 30 千米伊和高勒苏木南部地区之间，也存在类似数量和延展长度的火山群，同样保存完好。而且，大同、白银库伦牧场、伊和高勒苏木以及蒙古国境内相类似的共四个条带火山口群，从地貌形状上看非常相似，有可能是同时代形成的火山群，它们所指示的地壳构造活动研究应当是非常有意义的。

✦ 锡林郭勒盟南部牧场火山群中无人机照片

✦ 卫星照片显示的白银库伦牧场中100平方千米面积的火山

✦ 锡林郭勒盟南部牧场火山群地面照片

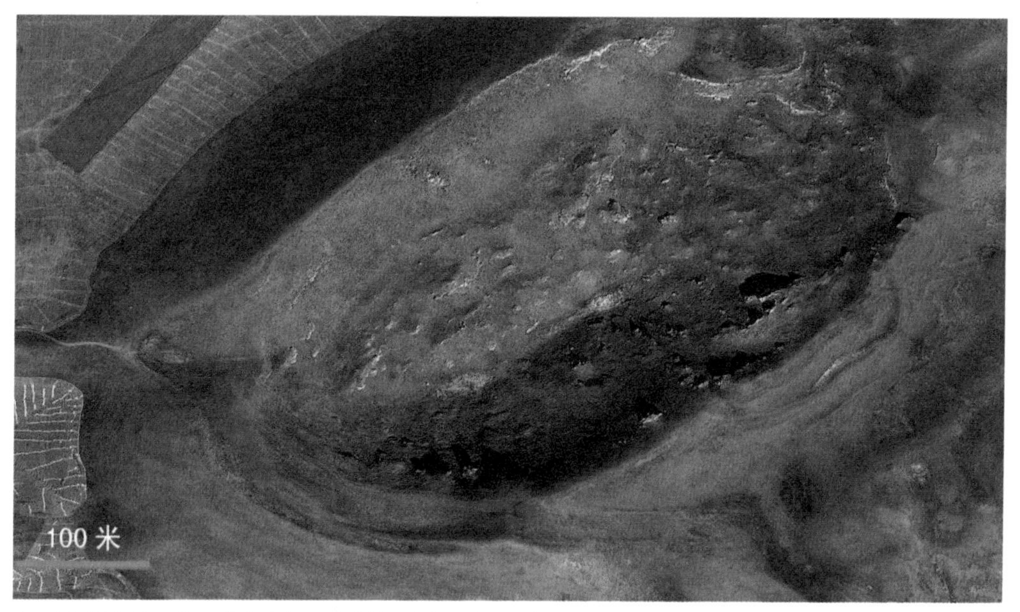

✦ 卫星照片显示白银库伦牧场中的“鸽子窝”火山口，在当地比较著名。相传，成群的鸽子从火山口飞出。马蹄状开口的东北方向是火山形成后期熔岩流的方向

☑ 进一步阅读

新生代： 分为古近纪、新近纪、第四纪（以下括号中是英文和年代区间，单位是“百万年前”）。古近纪（Palaogene，66 ~ 23）划分为古新世（Paleocene，66 ~ 56）、始新世（Eocene，56 ~ 34）、渐新世（Oligocene，34 ~ 23）；新近纪（Neogene，23 ~ 2.58）划分为中新世（Miocene，23 ~ 5.33）、上新世（Pliocene，5.33 ~ 2.58）；第四纪（Quaternary，2.58 ~ 0）划分为更新世（Pleistocene，2.58 ~ 0.0117）、全新世（Holocene，0.0117 ~ 0）。

活火山： 人类记录有经常或周期性活动的火山，现在附近有温泉和喷气，并不是仅仅限制在现在还在喷发的火山。世界上还在经常喷发的活火山有：意大利的埃特纳火山、维苏威火山，印度尼西亚的喀拉喀托火山和默拉皮火山等，都是著名的活火山。活火山的喷发活动具有周期性。死火山和休眠火山是相对活火山而言的，指那些最后一次喷发距今已很久远，并被证明在近期不会发生喷发的火山。

世界著名的活火山： 墨西哥的科利马火山，意大利西西里岛的埃特纳火山和维苏威火山，夏威夷岛上的基劳埃阿火山，哥伦比亚的加勒拉斯火山，印度尼西亚的喀拉喀托火山和默拉皮火山，刚果民主共和国的尼拉贡戈火山，美国的雷尼尔火山，日本的

樱岛火山和云仙火山，危地马拉的圣塔马利亚火山，希腊的圣多里尼火山，菲律宾的塔尔火山，西班牙加那利群岛的泰德峰，巴布亚新几内亚的乌拉旺火山。

世界著名的火山旅游地：美国黄石公园，日本富士山，巴厘岛，菲律宾吕宋岛，中国台湾阳明山国家公园和长白山天池。

世界一些关于火山的网址：

www.pubs.usgs.gov/gip/volc/types.html

www.worldlandforms.com

www.volcano.und.edu/vwdocs/vwlessons/volcano_types/index.html

www.library.thinkquest.org/17457/volcanoes/types.php

www.educ.uvic.ca/faculty/mroth/438/VOLCANO/TYPES.html

www.vulcan.wr.usgs.gov/Glossary/VolcanoTypes/volcano_types.html

www.enchantedlearning.com/subjects/volcano/types

✦ 冰岛火山爆发产生大量的火山灰云，造成局部地区数月温度下降、酸雨、降尘等影响

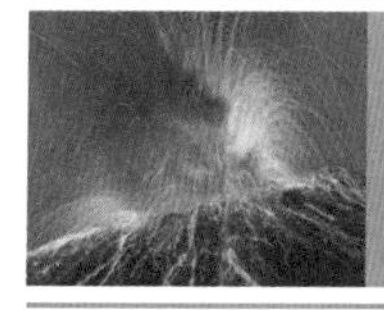

在哪里能捡到玉石、玛瑙、莫桑石

主要内容： 玉石　镯子　玛瑙　莫桑石

↘ 玉石

玉石是一种半透明的乳白色、青色、绿色的石头 它是透闪石、石英等矿物的集合体。人们对玉石的喜爱有较长的历史，玉之润可消除浮躁之心，玉之色可愉悦烦闷之心，玉之纯可净化污浊之心。

玉石产在岩浆体与沉积岩或含云母矿物较高的变质岩的接触带上，如果岩浆对围岩的冲击力大和温度高，就能产出质量较高的玉石。岩浆所接触的围岩通常是石灰岩，岩浆和围岩接触带的分布与岩体边缘的延展一致。理解了这些，下一步你就要去调查在哪里分布有花岗岩和石灰岩了。而当围岩含有云母和石英的比例不同，并且其岩浆不是花岗岩浆时，可以产生出千变万化的玉石，这就是玉石的新品种不断涌现的原因。玉石交易市场中所称的“山料”，指的就是岩浆岩体与围岩接触带的山体上开采的石料，而经过河流冲刷和搬运一定距离的玉石称之为“籽料”。

新疆和田地区的和田玉以色白、细腻、润泽等为特点 说明岩浆侵入时对围岩压力较大 原先的围岩在高温高压下被彻底地改造。北京市房山区的汉白

✦ 在加拿大 BC 省的一个叫 Lilleoot 的小镇，满街都矗立着大玉石。当年玉石发现者乔治先生捐献了上百吨的玉石摆放在街头，成为该镇一道闪亮的风景线

玉中重结晶的矿物晶体较大，说明岩浆侵入时对围岩的压力较小。当岩浆带来锌、铁、铜、锰、镁、钴、硒、铬、钛等元素时，所形成的玉石会有颜色上的鲜艳变化，如翡翠。而当岩浆的温度和压力小、对围岩改造的程度较差时，仅有少部分成为品相比较好的玉石，大部分只能是玉髓。

中国是世界最早崇尚玉文化的国家，形成了采集、收藏、鉴别、交易庞大的市场。软玉主要有白玉、青白玉、黄玉、紫玉、墨玉、碧玉、青玉、红玉等，而且几乎年年有新品种进入交易市场。硬玉即翡翠，颜色有白、紫、绿，可称为冰地儿（白）或青地儿（绿）。在科学上，硬度是用来鉴别单体矿物的计量指标，用来表述玉石这样的矿物集合体则是不准确的。但在民间，实用的方法是用小刀刻划就能识别出较硬的玉石（硬度大于 6.7）如翡翠和较软的玉石如岫岩玉。

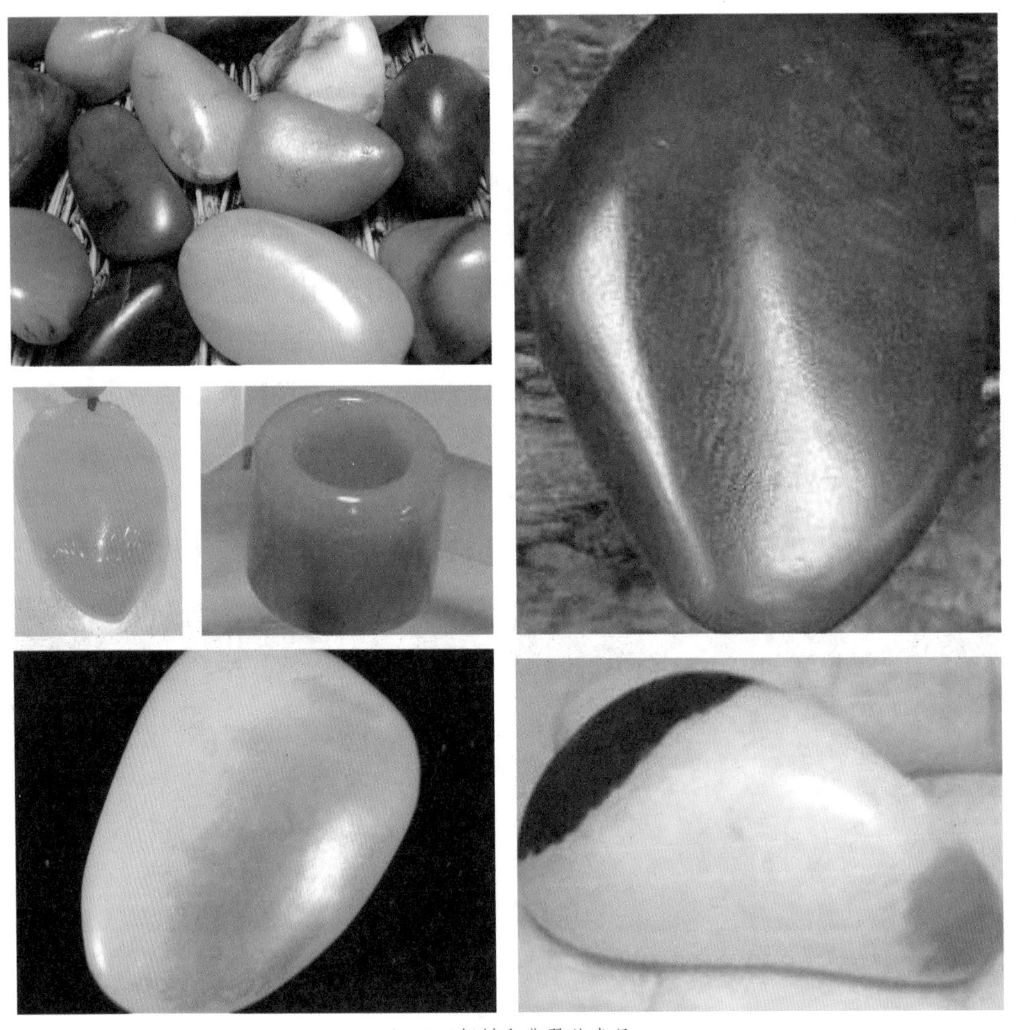

✦ 玉石籽料和翡翠艺术品

↘ 镯子

镯子是用玉石加工成的戴在手腕上的一种饰品。镯子的价格高低差别较大，最主要的是用料的不同。如果玉石原料非常细腻，而且可以看到棉絮状的透闪石矿物，则品质最好。玉石用放大镜能看到一颗颗矿物晶体，这就是“石英岩玉”。石英岩玉的矿物颗粒间有缝隙，容易着色。镯子就是因为在其原料是“透闪石玉”至“石英岩玉”间的变化，加上市场加工的改变，形成了质量上的变化。市场交易时不要被价格和颜色鲜亮所蒙蔽，也不要迷信各种所谓的“道理”，多半是不科学的。比如：玉要“暖”，越带越“润”。“润”，指的是玉石的细腻程度，然而再细的玉石也是有缝隙的。科学分析认为，所谓的“越带越润”是人体分泌出的汗液与蛋白质的混合物充填在玉石的缝隙中，而形成越来越“润”的。这样交易回来的饰品有可能是他人用过的，中间充填着他人的蛋白质和汗液，应当彻底清洗，自己来“润”才放心。不过，细菌可在玉石缝隙不断地繁殖，镯子也要定时彻底清洗。

✦ 玉镯

↘ 玛瑙

玛瑙与玉石一样，在中国文化中历史悠久。玛瑙的分布也是有规律的，首先要知道的是玄武岩，这是一种从地下喷溢出的岩浆岩，也是全世界分布比较广的一种岩石。旅游中会见到有一定厚度、颜色呈灰黑色的岩石，上部往往有气孔。当玄武岩中的 SiO_2 成分高于 52%，也就是介于中—基性岩（安山岩*—玄武岩）时，往往含有玛瑙。这就是为什么我们会在南京雨花台附近、宣化南部山区、乌兰察布市察哈尔右翼后旗 7 号附近能捡拾到玛瑙的原因。这样组分的火山岩形成时上部分布有较大的气泡，当岩浆晚期液体充填到这些气泡中的时候，首先沿着边部充填，形成一圈圈的轮廓，即形成我们所见到的玛瑙中的花纹。液体沿着气泡的边缘充填，逐渐向中心填实，当液体供应不足的时候，玛瑙中心则形成向心生长的水晶晶簇。

✦ 这块玛瑙切片显示玛瑙纹路的形成是气液沿着玛瑙壁一圈圈地充填的

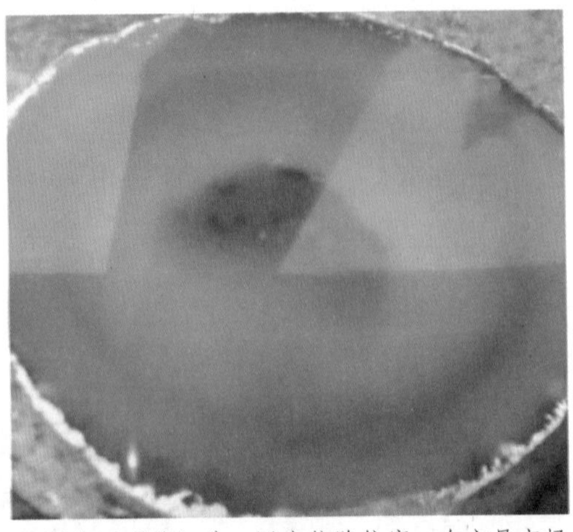

✦ 原先玛瑙的切片，因为纹路较宽，在交易市场中容易被误认为是玉石

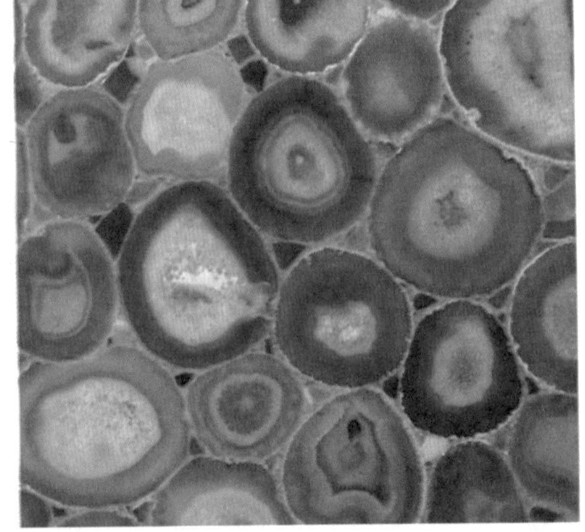

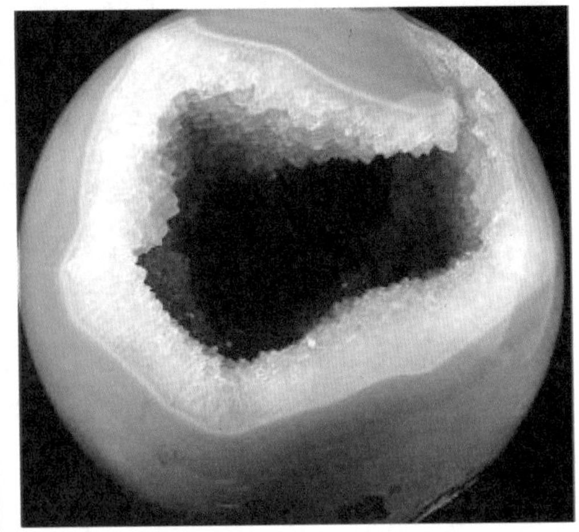

✦ 液体沿着玛瑙壁一圈圈地充填，当液体供应不足的时候，中间形成空洞和晶簇

✦ 缟石英印章

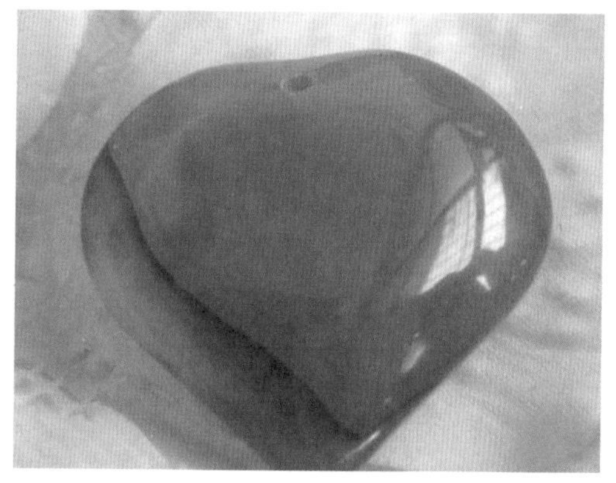

✦ 用玛瑙制作的饰品

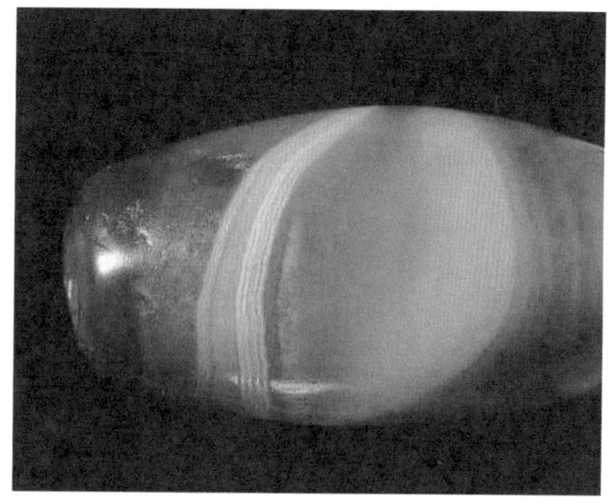

✦ 玛瑙中的极品，中间似“水泡”的充填

✦ 用双色玛瑙制作的摆石

✦ 红碧玉，察哈尔右翼中旗

↘ 莫桑石

在中国，甚至从事地质专业的研究人员都很少听说过莫桑石。莫桑石以发现者的名字而命名，学名称为碳硅石。它的最大特点是硬度大（9.25）和具有比金刚石更高的折射率，在光泽和火彩色散度上都高于金刚石。还有就是透明、多呈蓝色、稀缺、与金刚石伴生，是寻找含金刚石的金伯利岩的重要指示矿物。因其稀缺性和硬度大，受到宝石爱好者和收藏家的青睐。

✦ 以莫桑石为原料，经过加工，再配上托，就成为戒指了

河北省张北县至平泉市有一条东西向大断裂，这一带有发现莫桑石的报道。宝石爱好者可以在附近的河床里用淘沙盘淘洗一下，如果发现浅蓝色的透明矿物，应当就是莫桑石了。目前，世界上最大的莫桑石颗粒还没有超过 10 毫米的记录。

✦ 莫桑石戒指

☑ 进一步阅读

安山岩：SiO_2 含量在 45% ~ 53%，命名来源于南美洲西部的安第斯山名 Andes。在环太平洋带上，是以中心式喷发而形成较高的火山锥为特点的火山岩。安山岩火山的高度为 500 ~ 1500 米，个别可达 3000 米以上。相应的侵入岩是闪长岩。主要矿物有斜长石、辉石、角闪石和黑云母。玄武质火山高度小于 200 米，而安山质火山都高于 500 米，这是因为形成安山质火山的岩浆黏度较大，易流动的元素较玄武岩少。易流动元素包括：Fe 元素、Mg 元素等。

环太平洋带火山：由安山岩质火山组成，从南美、中美、北美到日本，包括：培雷火山、圣文森与格瑞那丁的苏弗里耶尔火山、喀拉喀托火山、磐梯火山、富士山、波波卡特佩特尔火山、诺鲁霍伊火山、沙斯塔山、胡德火山和亚当斯火山等。

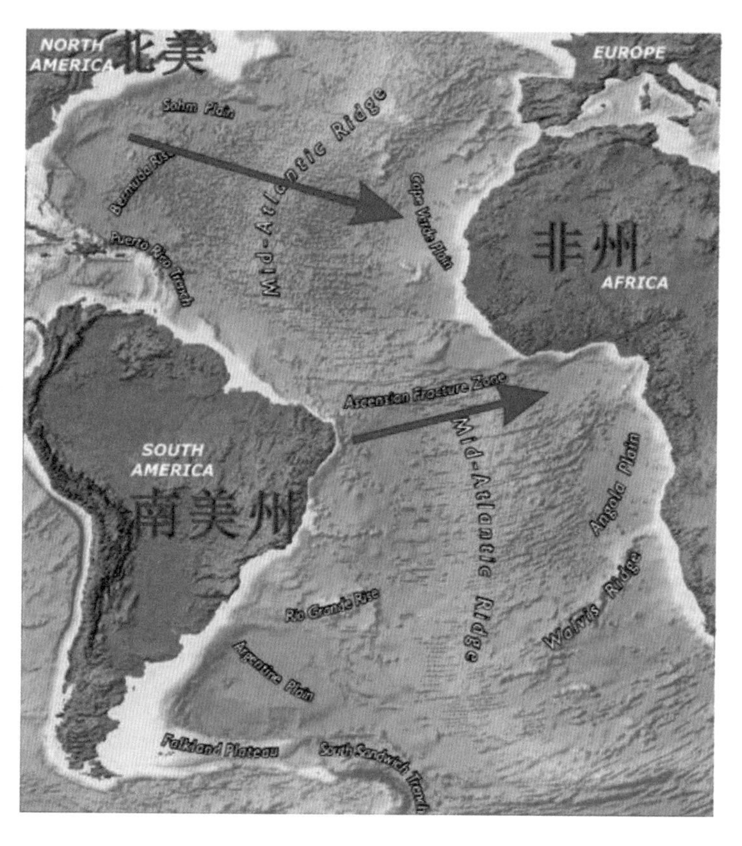

✦ 阿尔弗雷德·魏格纳（1880～1930），德国地质学家、气象学家、天文学家。他根据当时仅有的地图资料发现南美洲大陆凸出的部分恰好镶入非洲大陆凹进去的部分，他认为现在的地球各个洲的陆地原先是一整块陆地并漂在地幔软流层上，在地球体积没有明显变化的条件下，陆地在地幔软流层上漂流分离为现今的七个陆地板块和四大洋的基本地貌

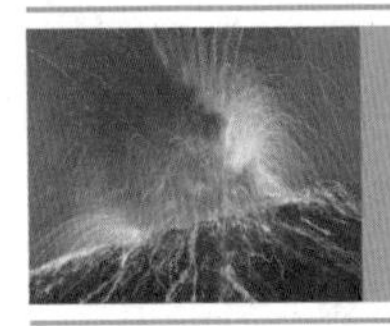

过亿元的金刚石和中国人的金伯利岩梦

主要内容： 金刚石与金伯利岩　金刚石的天价　天然金刚石生产大国　在中国什么地方有可能捡到金刚石　中国人的金伯利岩梦

↘ 金刚石与金伯利岩

钻戒是男女时尚的结婚定情物，是由钻石和铂金等贵金属加工制作而成。钻石的原石也就是未加工的钻石，地质学名是金刚石。由于它的高硬度和稀缺性使其成为地球上最贵的矿物，近 10 年钻戒过亿元的拍卖纪录屡见不鲜。金刚石除了在宝石界受到热捧外，在工业中主要用于硬度要求非常高的钻头和磨料。人类发现并命名金刚石的寄主岩石“金伯利岩”已有 153 年。1869 年在南非的金伯利小镇附近，发现了 83.5 克拉* (Ct.) 的金刚石，此后，在该小镇附近发现了金伯利岩。从那时起，世界各国都投入大量的资金和重奖发现者以求寻找到更多的金伯利岩。俄罗斯从河床里发现第一颗金刚石后，用了整整一百多年的时间跟踪勘探，才在西伯利亚东部地区发现了成群的金伯利岩管。目前，俄罗斯是生产天然金刚石的第一大国。

↘ 金刚石的天价

宝石级金刚石的价格在过去的 150 年里扶摇直上，著名的“库力南金刚石”是迄今为止世界发现的最大的金刚石，重 3106.75 Ct.，有手掌大。1905 年，在南非的库力南金伯利岩矿里，一位工人尽管已经下班，却又返回工地做最后的检查时，意外发现了地上有一个闪光的物体，开始他还以为是工友拿破碎的玻璃瓶和他开玩笑呢！英国皇家仅仅花了 15 万英镑收藏了这一无价之宝。然而，2016 年维也纳佳士得拍卖公司拍出了一颗只有库力南 1/4（813 Ct.）大小的金刚石，却高达 4 亿元人民币，创下了历史纪录。我们不考虑重量因素，相比库力南的价格，金刚石的价值增了 1000 倍，这块 6 厘米宽的金刚石在非洲中部的博茨瓦纳被发现。不可思议的是，在全球经济衰退 8 年的大背景下，金刚石拍卖价格

竟上涨得如此猛烈。在过去的 30 年中，20 多克拉的粉色和蓝色钻戒拍卖价格过亿元的记录屡见不鲜。

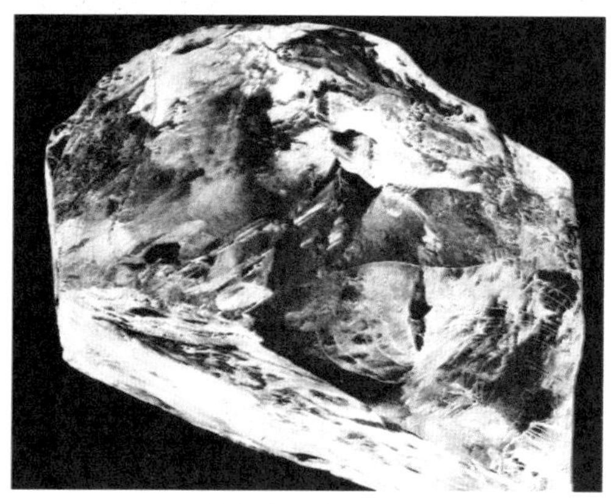

✦ 世界最大的金刚石——库利南

✦ 金刚石被切割和打磨后配上金属托为钻戒

✦ 世界第二大金刚石

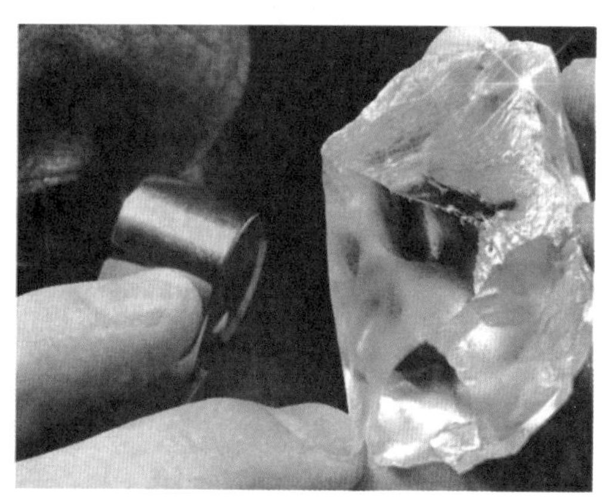

✦ 金刚石专家用放大镜研究其中的包裹体

✦ 加工好的粉色金刚石

✦ 加工好的蓝色金刚石

✦ 加工为不同形状的不同颜色的金刚石

✦ 岩石上的天然金刚石，具有生长线

✦ 加工好的不同克拉的金刚石

✦ 加工好的蓝色金刚石

↘ 天然金刚石生产大国

2016年，全球金刚石总产量是1.28亿克拉，按照产量排在前七位的国家依次是俄罗斯、博茨瓦纳、加拿大、安哥拉、南非、刚果民主共和国、纳米比亚。令人兴奋的是，2021年6月1日，博兹瓦纳政府宣布发现了世界第三大金刚石，1098 Ct.，震惊了世界，给这个受到疫情影响的国家带来了令人快乐的消息。金刚石的寄主岩石金伯利岩都是成群出现，各

✦ 2021年6月，博兹瓦纳政府宣布发现了世界第三大金刚石（1098 Ct.）

国在发现第一个金伯利岩管之前，都具有长达百年的曲折故事。近 20 年来世界上寻找金伯利岩的大公司都非常失落，在全世界也没有发现大矿。而在过去的 150 年里所发现的最有价值的 7 座金伯利岩大矿在未来几年就要开采枯竭。这 7 座最有价值的矿山是博茨瓦纳的 Jwaneng 和 Orapa，俄罗斯的 Udachny 和 Mir，南非的 Cullinan 和 Venetia 以及安哥拉的 Catoca，这些矿山的价值每个都超过 150 亿美元。

↘ 在中国什么地方有可能捡到金刚石

在中国，金刚石出土的记录并不晚，清末《桃源县县志》和《山东通志》上都有记载农民捡拾金刚石。“临沂之星”（338.6 Ct.），出土于山东临沂南部，现存于平邑县的山东天宇自然博物馆；抗战时期出土的“金鸡钻石”（281.25 Ct.），产于山东郯城李庄，目前下落不明；“常林钻石”（158.786 Ct.），产于山东临沭常林村；“陈埠 2 号钻石”（124.27 Ct.），产于山东郯城金刚石沙矿；“蒙山一号钻石”（119.01 Ct.），产于山东蒙阴金伯利岩原生矿；“蒙山五号钻石”（101.47 Ct.），产于山东蒙阴金伯利岩原生矿。湖南发现金刚石的地点可以用“到处开花”来形容，最大颗粒为 70 Ct.。

无心插柳柳成荫。中国捡到金刚石的记录都是当地农民实现的，没有任何地质专业人员有过记录。如果你在临沂市的郯城县、苏北的新沂市、常德市的石门县、贵州的施秉县和镇远县、邯郸市的磁县、鹤壁市、大连市的瓦房店和普兰店、山西省的应县、包头市的固阳县等地生活，你只要知道这个地区有捡到金刚石的记录即可，这个“无心”可能会渗透到你的生活中。

✦ “常林”金刚石。1977 年，山东临沭常林村女农民魏振芳捡到这颗钻石：重 158.786 Ct.，颜色呈淡黄色，透明，无杂质，比重 3.52。当时奖励给常林村委会一台拖拉机，并安排魏振芳（农转非）工作

✦ “临沂之星”金刚石。21世纪初，仍然在郯城县—临沭县一带，一位农民将这颗335 Ct.的金刚石“聚晶*”，卖给了“平邑县天宇博物馆”。他并没有将捡拾地点透露，但是这位农民在2006年前后，曾经拿着这颗金刚石来到临沂市的山东省第七地质调查院鉴定。正是这位农民的“保密”，使得地质科学因此失去了进一步追踪成矿母岩－金伯利岩体的有价值的线索。知情者请发Email：chinakimberlite@126.com，与本书作者联系

✦ 天然金刚石，大多数为菱形八面体，也有正方体。湖南常德石门县花薮坪村北部呈圆形地貌，在附近的流水溪流中发现有黑色正方体，目前还没有确定这些正方体是“方钛磁铁矿”还是“黑色金刚石”

✦ 世界上一些大颗粒金刚石

✦ 这些加工好的金刚石配上金属托成为名贵的钻戒

✦ 澳大利亚矿业公司展出的加工过的彩色金刚石

✦ 2016 年，香港佳士得拍卖公司拍出了一颗 59.60 Ct. 的粉色钻戒，价格竟然高达 4.8 亿人民币！这是一颗 1999 年在非洲出土的 132 Ct. 的粉色金刚石，加工后为 59.60 Ct.，呈椭圆形。被拍卖的这颗粉色钻戒是世界上最大的，也是唯一的。

✦ 2016 年 5 月，在日内瓦佳士得拍卖会上，14.62 Ct. 蓝色钻戒以 5700 万美元创下 2016 年钻戒的拍卖纪录，折合人民币 3.8 亿元

↘ 中国人的金伯利岩梦

金刚石的主要成矿母岩是金伯利岩。金伯利岩是已知来自地下最深处的岩浆在近地表爆破形成的，金伯利岩体的形状犹如一个埋在地下放大的胡萝卜形状，金伯利火山小规模地喷发，在地表所形成的火山口较小而且容易遭受风化，也容易被掩埋，是世界上分布较少和较难寻找的一种岩石。因金伯利岩含有金刚石，具有经济价值，而且含有地幔捕虏体*，可给科学界带来地壳深部和上地幔信息，因而一直为地学界所关注。然而，中国地质工作者在近 60 年寻找金伯利岩的工作中始终没有重大发现。

金伯利岩多呈管状产出，岩管中含有来自上地幔的同源包体以及上升通道周边各种岩石的捕虏体。胡萝卜形状的金伯利质岩管越往下越细。因此，金伯

利岩火山口的特点是不具有高出地面的锥状体，而多是负地形、面积小、且成群出现。但就其在地表呈现的火山口而言，它更像一个盘子，由“盘边”和“盘底”构成，盘边的斜坡上或边缘通常堆砌着火山喷发的碎屑，形成环带构造。

地质学家研究金伯利岩已经有上百年的历史，发现金伯利岩的存在都具有两个基本条件：一是存在于稳定的太古代地台中，二是有深大断裂切穿地壳。在这两个条件的基础上，如果在一个地区发现金刚石或者在河床里发现指示矿物（镁铝榴石、钛铁矿、铬铁矿），那么，这个地区就有可能存在金伯利岩。在中国符合上述条件的有山东的临沂至苏北新沂、辽宁的瓦房店和普兰店、河南的鹤壁至河北的磁县、锡林郭勒盟、包头的固阳县，这些地区都可以视为寻找金伯利岩火山管的靶区。

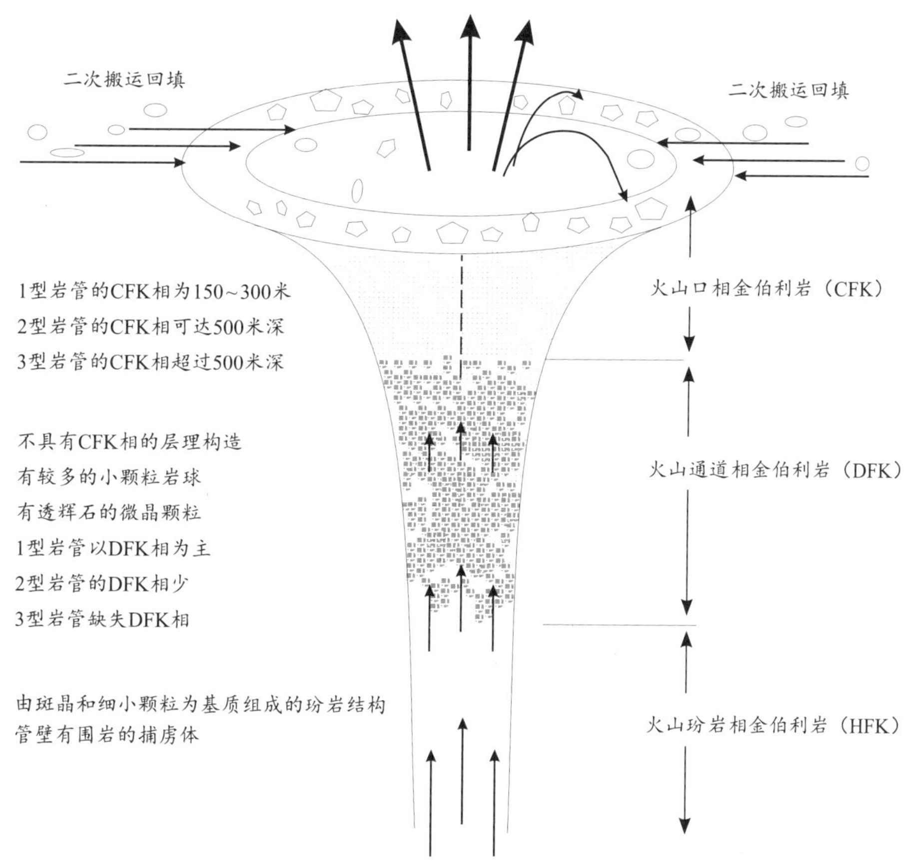

✦ 金伯利岩管模式图

☑ 进一步阅读

金刚石的成分、晶型、结构：金刚石过去被修理瓷器的匠人俗称为金刚钻。金刚石与石墨都是由碳元素组成的矿物。金刚石的最大特点就是硬度高，是目前在地球上发现的所有天然存在的矿物中最坚硬的，莫氏硬度为 10，是莫氏硬度排在第九位的刚玉硬度的 150 倍。“A diamond is forever”（金刚石就是永远）是爱情的代名词。金刚石的晶型有八面体、菱形十二面体和六面立方体，八面体犹如两个金字塔底座相对而成。许多大颗粒金刚石显示出明显的生长线，而且呈现多期生长的特点。金刚石常含有杂质元素，其中最重要的是元素 N 和元素 B，还含有其他微量元素，正是因为这些微量元素成就了彩色金刚石的存在。

金刚石的成因：金刚石是在地下 100 ~ 150 千米，在超高温高压环境下，以极其慢的速度长成的。金刚石之所以硬度大，是因为在金刚石晶体内部，每一个碳原子都与周围的 4 个碳原子紧密结合，形成一种致密的三维结构，这显然是因为金刚石是在极为高压的环境下，碳原子“被挤压”而形成的。根据金刚石所含包裹体测算出金刚石的形成条件，压力在 4.5 ~ 6.0 兆帕（相当于 150 ~ 200 千米的上地幔深度），温度为 1100 ~ 1500℃。

全世界 95% 以上的天然金刚石产在金伯利岩体中，还产在钾镁煌斑岩和冲积型金刚石沙矿。另外，金刚石也寄存在基性和超基性侵入体中，包括辉绿岩和榴辉岩中，这些岩石都不具备经济可开采性，可开采的金伯利岩只占全世界所发现的 6400 座金伯利岩体的 1%。金刚石在原生的金伯利岩和钾镁煌斑岩中以两种方式存在：大颗粒晶体是在上地幔或下地壳深度早已结晶并由岩浆携带到地表分离出来的；微晶体存在金伯利岩的基质中。大颗粒晶体形成时间长，可见其生长纹，显示其漫长的结晶生长期；微粒金刚石则是在岩浆由上地幔至地表的上侵的过程中冷却形成的。大颗粒晶体多含上地幔矿物的包裹体，微粒金刚石多为纯净且不含矿物包裹体。

金刚石是最古老的宝石，具有经济意义。可被开采的金刚石矿多在古老地台，如太古代克拉通；而裹挟这些上地幔宝石的金伯利岩浆的形成，则从太古代到新生代的各个时代。

大颗粒金刚石：在全世界，大颗粒金刚石的发现都是新闻，大颗粒金刚石不但价值高，而且可对溯源工作提供重要信息。地质学家通过对大颗粒金刚石中矿物包裹体的观察和鉴定，研究金伯利岩浆来源的上地幔特征。金刚石从 3106 克拉到小于 0.5 Ct. 都有，从手掌大到肉眼不容易看见。当然，金刚石越大越值钱。世界最大颗粒金刚石

“库里南”产在南非的矿体中，手掌大小，3106 Ct，后被破碎为 9 块，其中最大的一块加工成世界唯一的最值钱的饰品，被镶嵌在英国国王的权杖上，代表英国最高权力。2016 年，由加拿大一家金刚石公司在博茨瓦纳的矿中发现了世界上第二大的金刚石，重 1109 Ct.，并在 2018 年以相当于 3.6 亿元人民币的价格卖给了宝石商。2021 年，博茨瓦纳政府宣布发现世界上第三大金刚石，重 1098 Ct.。

克拉： 金刚石的计量单位是克拉，英文是 carat，其缩写是 Ct.，1 克拉 =0.2 克。金刚石的品位指的是金刚石在金伯利岩矿体中的含量，通常以重量来表示：每吨多少克拉，英文是 carats per tonne，英文缩写 cpt；或者是：每百吨多少克拉，英文是 carats per hundred tonnes，英文缩写 cpht。也有用体积计量金刚石的品位的，如：每立方米多少克拉，英文是 carats per cubic meter(缩写是 Cts/m^3)。鉴别金刚石的价值是根据 4Cs(Carat, Cut, Color, Clarity)。最主要的是克拉数，在实践中用 0.5 毫米的筛子，对金刚石进行筛分，下面的被称为微粒金刚石，上面的称为“大号”金刚石，许多人又把后者称之为宝石级金刚石。这是因为，现代加工金刚石的机械手能握住小至 0.5 毫米的金刚石。

捕虏体： 是地质学中岩石学的名词。是指在岩浆从深部起源到上侵过程中捕获的围岩碎块。其形状和大小不一，多数为圆形和椭圆形。通常在楼宇和地铁地面以及墙面所用的花岗岩材料上，有椭圆形的黑灰色块体，就是捕虏体。

聚晶： 就是结晶聚合物。是指晶体无序排列聚集在一起成为一个整体。

人造金刚石： 过去的 20 年，世界较大的地质找矿勘探公司踏遍了全球每个角落，没有大的发现，世界天然金刚石产量在 1.4 亿克拉上下徘徊。世界钻戒市场的需求促进了人造金刚石企业的发展。人类研究人造金刚石有上百年的历史，在高温高压下使碳原子转化为人造金刚石的理论，是 1946 年由诺贝尔奖获得者 Percy Williams Bridgman 提出的。美国 GE 公司于 1955 年据此理论用人的头发制造出人造金刚石。

目前，成熟的人工制造金刚石方法是高温高压和化学蒸发沉淀两种。人造金刚石广泛用于研磨和切割工具，像石油勘探与矿山开采、机床机械与汽车制造、轨道交通、核电、高压线开关等需要高硬度材料的地方。国外采用高温高压技术用的是“两面顶压机”。中国在 1965 年设计制造具有较大优势的六面顶压机，这些也都与优质硬质合金顶锤、粉末触媒和间接加热工艺（合称粉状工艺）的工业化密不可分。大型合成压机是合成金刚石的核心设备，它要创造一个高温（> 1400℃）、高压（> 5 兆帕）的合成腔体，在腔体内使碳原子形成稳定的金刚石晶体。

中国是全球最大的金刚石单晶生产大国，2015 年产量占全球总产量的 91%。中南钻石、豫金刚石、黄河旋风这三家中国人造金刚石企业的产品，主要集中在颗粒较小的工业用金刚石的中低端市场，而人造金刚石的高端市场主要被“元素六”公司、美国合锐公司、韩国日进公司等外资企业所垄断。面对金刚石工业市场的需求下滑而宝石级金刚石市场较旺的情况，上述的中国三家企业已经投入巨资进入高端彩色金刚石单晶制造领域。

随着生产人造金刚石的工艺不断改善，中国开始能生产出大颗粒（10 Ct.）和有色金刚石，这对宝石业是个极大的挑战和不小的冲击。原地矿部部长宋瑞祥和辽宁省第六地质院的冯闯先生 2019 年考察了河南金刚石制造。现在，中国已经开始以“培育钻石”名义销售人造金刚石了，这是坦诚的表现。天然金刚石和人造金刚石的区别是：天然金刚石是长时间形成的，人造金刚石是在短时间形成的，因此，天然金刚石在弱荧光、均匀的颜色、生长线、包裹体上可与人造金金刚石区别。尽管如此，区分天然金刚石和人造金刚石不是一件容易的事情，普通的宝石鉴定专业人员是很难区分天然和人造金刚石的。在人造金刚石对宝石业发起巨大冲击的同时，以 GIA 为首的宝石业在鉴别人造金刚石的技术上也在日臻完善，有兴趣的读者可进一步关注美国 GIA 卡尔斯巴德总部专门研究宝石鉴定的研究员希格利博士（Dr. James E. Shigley）的文章。

✦ 河南省某企业生产的人造金刚石，又称“培育钻石”（冯闯摄影）

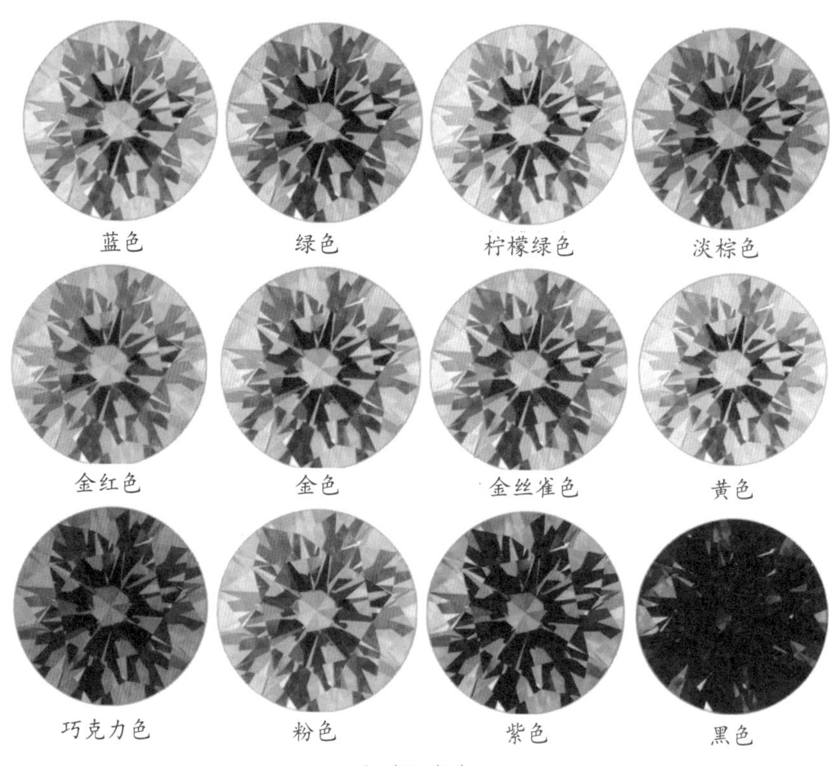

✦ 宝石颜色

这是库里南1号，是世界最大的一颗加工的金刚石，重530.20Ct.，20世纪90年代估价为4亿美元。

这是被命名为“世纪之光”的De Beers公司拥有的金刚石，无色透明，纯洁无暇。重273.85Ct.，估价为1亿美元。

希望之光。现藏于美国华盛顿的Smithsonian博物馆，45.52Ct.，碧蓝色，估价为3.5亿美元。

莫萨红色钻石。虽然只有5.11Ct.，但是也是GIA评价过的比较大的一颗红色钻石，具有Trillion式切割，估价：700万美元。

永恒的心。为De Beers公司拥有，非常少见的蓝色钻戒，为27.64Ct.，估价为1600万美元。

斯坦梅茨粉红钻石。是由世界最大一颗粉红色金刚石加工而成，钻石的重量是59.60Ct.，估价为2500万美元。

✦ 世界名贵钻戒介绍

什么是变质岩

主要内容： 变质作用和变质岩的种类　岩浆岩与围岩的接触带

↘ 变质作用和变质岩的种类

相比前面的岩浆岩和沉积岩，变质岩分布比较少。变质岩，顾名思义就是原先的岩石无论是岩浆岩还是沉积岩，改变了原先岩石中的矿物结构、成分、层理，形成了变质岩。变质岩最明显的特征是层理呈现花纹、波浪、变形的条带状。变质是地球还在运动的证据，通过地壳运动、岩浆活动或地球热流体变化，以及外来的陨石冲击因素将原有的岩石改变，使岩石本身发生物理和化学上的变化进而导致矿物组合和结构产生变化。包括原先的矿物晶体变大，称之为重结晶（如石英成为聚晶、石榴子石变大）、变形、破碎和交代。因此，变质岩保留原始岩石中的某些特点并且形成了变质岩独特的矿物成分和特殊结构。

根据外作用力的强度，将变质岩分为：

区域变质岩类：指在大范围内发生的、由岩石在深部的压力和温度及水平的挤压力等导致的变质岩。区域变质作用发生在地下 3 ~ 20 千米深处，温度在 150 ~ 800℃，进一步分为低级变质岩、中级变质岩、高级变质岩。埋藏浅则产生板岩类低级变质岩（如：碳质板岩、钙质板岩、黑色板岩等。许多地区用这样的天然板材做石桌，甚至屋顶上的瓦）、千枚岩（变质程度较板岩相对较高，如绢云母千枚岩、绿泥石千枚岩等。板岩类变质岩粉碎后是很好的陶瓷原料），而埋藏深则压力发生高级变质作用，产生片麻岩、麻粒岩和榴辉岩等。

热接触变质岩类：岩浆与原来的石灰岩接触产生，高温造成原来的石灰岩形成大理岩。主要由方解石和白云石组成，如白云质大理岩、硅灰石大理岩、透闪石大理岩等。

动力变质岩类：由陨石冲击和断层之间岩石错动形成，有冲击角砾岩、碎裂岩、碎斑岩等。

气液变质岩类：由气液变质作用形成，如云英岩、次生石英岩、蛇纹岩等。

混合岩化变质岩：当岩石深埋地下超过 40 千米的情况下发生混合岩化。

↘ 岩浆岩与围岩的接触带

在岩浆岩和石灰岩或白云岩接触的地方，往往形成一定规模的大理岩，岩石变为绿色和白色。天安门前的金水桥用料是采自北京房山区汉白玉大理岩，许多收藏爱好者打磨汉白玉作为假山的底座。新疆和田玉的“山料”就是来自岩浆岩和石灰岩接触带的地方。由于岩浆侵入带来渗透力强的热液，缓慢侵入接触带的石灰岩中，如缅甸的翡翠就是在这种环境中，后期有铜等微量元素注入，从而形成了绿色的条纹。各种玉石在均质程度上和在颜色上千变万化，所以，收藏爱好者发现玉石的品种越来越多、层出不穷。

✦ 变质岩深度变质，形成混合岩

✦ 变质岩中的波浪状纹理

✦ 变质岩中的波浪状纹理

✦ 变质岩中有颜色变化的波浪状纹理

✦ 变质岩中的平行纹理

✦ 混合岩

✦ 变质岩结晶分异形成的纹理

✦ 变质岩中大颗粒石榴子石

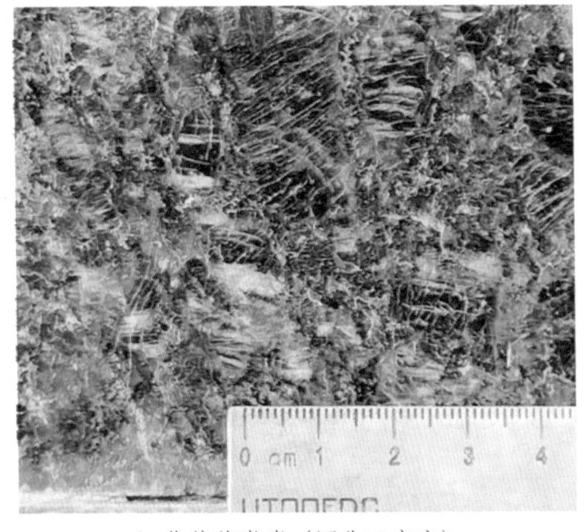

✦ 紫苏花岗岩（河北石家庄）

✦ 片麻岩（美国）

泰山

主要内容：泰山　泰山中精彩的地质现象　多期穿插花岗岩　混合岩是绝妙的造景岩石

↘ 泰山

泰山，又名岱山，位于山东省中部，绵亘于泰安、济南、淄博三市之间，G3 高速公路在泰山的西边穿过，山体总面积 426 平方千米，主峰玉皇顶海拔 1532 米，是中国著名的 5A 级旅游地，历史文化和自然双重遗产。其最大的特点是，在山顶上向东眺望是一马平川，观日出无遮挡，山体由变质岩和多期花岗岩穿插组成，既有精彩的地质现象，又有传统文化所形成的丰富旅游内容。

↘ 泰山中精彩的地质现象

筒状构造：中远古时期的辉绿玢岩* 所见由环核、环层、环状和辐射状节理组成，这是岩浆在侵入就位时形成的一种构造，形成辉绿玢岩的岩浆黏度* 低岩浆在局部产生涡旋运动。在高黏度的火山熔接凝灰岩* 甚至花岗岩中也可以见到这种构造。岩石被风化后裸露出来，形成奇特的地貌景观。

复杂多期的花岗岩化*：花岗岩化是指原先的岩石变为花岗岩岩石的一种过程，泰山是地质地理系的大学生了解变质岩实习的很好场所。泰山经历 25 亿年前太古代末期的构造运动，受到强烈而普遍的花岗岩化，属中高级区域变质。印支期* 及燕山期* 地壳运动对这一地区产生剧烈的构造变动，褶皱、断裂和岩浆活动，在泰山山顶可见多期花岗岩交叉侵入的现象。

✦ 筒状构造的侧面

✦ 筒状构造

混合岩化岩石：在高级变质作用* 的某些区域，当温度足够高时，使得物质发生部分熔融，即深熔*，产生通常是花岗岩成分的液体，这些液体或原地封闭或沿裂隙上侵，这个过程称为混合岩化。如果旅行过程中见到有差异的浅色和深色两种岩石组成，又有柔肠的形状，通常就是混合岩化的变质岩了。根据混合

✦ 泰山彩石溪混合岩化地质景观

岩中纹理的构造，可分为角砾状、网状、碎块状、细脉状、条带状、香肠状、褶皱状、肠状、眼球状等。

✦ 泰山悬崖岩石剖面上的混合岩（泰山西面山体）

✦ 泰山到处可见片麻岩和混合岩化花岗岩的接触界线（泰山西面山体）

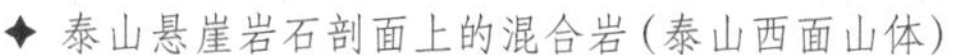

↘ 多期穿插花岗岩

岩浆岩的形成是一个过程，从岩浆在地下深部起源形成、向地壳上部运行、就位、从边部到中心冷凝、通过岩浆结晶分异作用*，产生多期岩浆，面积超过100平方千米的大型岩体的整个成岩过程可能要超过100万年。因此，俯视各种大小岩体，有边部颗粒细中间粗、岩石中矿物种类也有变化，地质学把这种变化所形成的带称为“相”。在整个岩浆冷凝的过程中，不断分异出岩浆，地质学称为“期”。分期岩浆的总体趋势有：岩浆变少，岩浆所形成的岩体暗色矿物变少而浅色矿物增加。

泰山顶上就有这种多期岩浆相互穿插的地质现象和接触界线，旅游者和科学爱好者可以在那里研究一下，究竟是哪期岩浆在后，哪期岩浆在前，最后的那期岩浆有什么特点？

↘ 混合岩是绝妙的造景岩石

造景岩石在野外通常出现在山体断面和山谷中，裸露出的岩石在颜色和纹理上的变化能使旅游者联想到生活中的场景而加以观赏，这样的岩石称为造景岩石。

泰山山麓的彩石溪岩石就是由深浅两种岩石组成的混合岩。

✦ 整个山体都是由混合岩穿插组成

✦ 黑色和浅色的岩浆脉体是同时产生的

✦ “彩石溪”中的混合岩

✦ 混合岩石剖面，位于河北省平山县和阜平县

☑ 进一步阅读

辉绿玢岩：是岩浆岩中的基性浅成岩，当岩浆侵入就位较深时，矿物的晶体较大，为辉绿岩。辉绿岩和辉绿玢岩都具有辉石和斜长石颗粒共生的辉绿结构。“玢”字是当岩浆就位接近地表的浅成相，当组成岩石矿物有许多长石和石英时，冠以“斑”字，如石英斑岩。

岩浆黏度：是描述岩浆流动性的术语。黏度越小，岩浆的流动速度越快，这是岩浆中含有较多的 Fe 元素、Mg 元素及水的表现。而黏度大的岩浆含 Si 元素、Al 元素、K 元素较多，含水少。

花岗岩化：使原来的岩石变为花岗岩岩石的一种过程或作用。一般发生在大规模的造山带，并与中、高级区域变质作用伴生；小规模花岗岩化作用，发生在岩浆侵入体的接触带，通过混合交代作用或长石化作用，使围岩转变为花岗质岩石。

印支期：是晚二叠纪—三叠纪(257 百万 ~ 205 百万年前)的构造运动。中国多数地区以形成花岗岩、碱性正长岩为特点，藏、滇、川地区也形成小型超基性岩体。

燕山期：是以侏罗纪为主，到白垩纪时期所发生的构造运动。在中国，表现为花岗岩浆侵入多，有下扬子地区为粗安质* 至闽浙地区为酸性岩浆的变化。

高级变质作用：岩石因其所处的温度、压力条件不同，岩石变质的程度分为低级、中级、高级三个等级变质作用。如黏土质岩石在低级变质时形成板岩、千板岩，在中级变质时形成云母片岩，在高级变质时形成片麻岩。

深熔：高温、高压下改变原来岩石中矿物的结构和构造的作用。通常地壳深部岩浆中硅铝质岩浆析出，产生上侵的含硅铝成分较多的岩浆，从而形成混合岩化中所见的浅色条带。

结晶分异作用：岩石形成过程中，由于形成时间和重力上的差异，导致矿物在纵向上的分带，产生层理构造。

粗安质：指“粗安岩成分”。地质学中除了用 SiO_2 将岩石分为基性、中性、酸性岩石外，与它们相对应的地质学名词是玄武质、安山质、英安质岩石。长石是安山岩中的主要矿物，当其中的斜长石（长石中含 Ca 元素较多的长石）含量较多时为安山岩，当正长石（长石中含 K 元素较多的长石）含量较多时为粗面岩，介于二者之间的岩石是“粗安岩”。

✦ 喀斯特地貌景观，石灰岩在地表经过风化各个像窝窝头，李亚石作品。李亚石是 20 世纪 80 ~ 90 年代著名摄影家，他把广西偏远地区的梯田和喀斯特地貌展示给了世界，改善了偏远地区的旅游，被称为扶贫摄影家

颐和园的万寿山

主要内容： 颐和园　万寿山　太湖石　泥灰岩　沉积石英砂岩和变质石英砂岩　玻璃石英砂岩　灵璧石

↘ 颐和园

颐和园是位于北京西北部清朝时期的皇家园林，是世界著名的文化遗产，由昆明湖、长堤、长廊、万寿山建筑群等组成，总共 2.97 平方千米。清朝时期，曾几经外国入侵者掠夺和焚烧。1961 年，颐和园列入第一批全国重点文物保护单位，与承德避暑山庄、苏州拙政园、苏州留园并称为中国四大名园。2007 年，批准为国家 5A 级旅游景区。颐和园以东门为主要入口，东门南边还有为工作人员入口的门，目前也对游客开放，西北和东南角各有两个小门。

↘ 万寿山

万寿山高 58 米，建筑群依山而筑。前山以八面三层四重檐的佛香阁为中心，组成巨大的主体建筑群，西侧有五方阁和铜铸的宝云阁；后山有西藏佛教建筑和五彩琉璃多宝塔。万寿山和昆明湖的北岸之间，有东西延展的著名“长廊”。

攀登万寿山的过程中我们会见到许多岩石，正门摆放的是灵璧石；谐趣园的路旁和向山顶的路旁摆放着太湖石；沿着石梯向上，灰色的有层理的泥灰岩就是

✦ 颐和园中的万寿山和昆明湖

✦ 颐和园长廊

✦ 从铜牛处远望万寿山

✦ 在颐和园东南角的绣漪桥，乾隆皇帝题诗："荡桨过桥景倍嘉"

石梯的台阶用料；万寿山的主体是石英砂岩。灵璧石、太湖石、泥灰岩这三种岩石是圆明园、香山、景山、北海等北京皇家园林的主要造景摆石。

↘ 太湖石

太湖石因盛产于太湖地区而古今闻名，是一种观赏摆件石，是石灰岩长期遭受水侵蚀形成的，俗称为假山石。由于是长时间缓慢形成的，故而形状各异、姿态万千、通灵剔透的太湖石，体现着“皱、漏、瘦、透”的古典鉴赏之美以白石为多，少有青黑石、黄石。在颐和园内去往谐趣园的路两旁，摆放着大大小小的太湖石。

✦ 颐和园东部谐趣园路两旁的太湖石

✦ 通往万寿山顶的路上可见太湖石

↘ 泥灰岩

泥灰岩是一种界于碳酸盐岩与黏土碎屑岩之间的过渡类型岩石。由黏土与碳酸盐质微粒混合组成，因为黏土颗粒细，形成薄层石灰岩。泥灰岩与石灰岩最显著的区别是层理发育，如同千叶豆腐。

✦ 颐和园万寿山后山的石阶用料是泥灰岩

✦ 颐和园万寿山具有千页构造的泥灰岩

↘ 沉积石英砂岩和变质石英砂岩

从小到大就相信父辈们所说："颐和园的万寿山是挖昆明湖的土堆起来的。"直到 2019 年作者山前山后彻底调查后才知道：原来颐和园万寿山的主体是石英砂岩，万寿山建筑群就是建筑在这样的基岩上的。

✦ 万寿山钾长石脉穿过变质石英砂岩

石英砂岩有两种：沉积石英砂岩和变质石英砂岩。沉积石英砂岩中的石英和少量长石磨圆度高、颗粒大小均匀，所含生物和其他杂质形成的层理在纵向上有颜色的变化；而变质石英砂岩中矿物颗粒的大小是不均匀的，不显层理。组成颐和园万寿山的主体就是变质石英砂岩。

✦ 万寿山前山变质石英砂岩

✦ 万寿山前山变质石英砂岩

✦ 即使在游客最多的时候，万寿山的半山腰和后山路旁都少见游客，树从石英砂岩缝隙中长出

✦ 万寿山的变质石英砂岩为黑灰色和黄白色，是风化差异的结果

↘ 玻璃石英砂岩

玻璃石英砂岩中的石英是主要矿物成分，色浅，常是白色；碎屑颗粒的磨圆度分选性良好；有波痕和交错层理。当石英纯度达到 97% 以上时，则是制造各种玻璃及玻璃器皿的硅质原料，称为玻璃石英砂岩。玻璃石英砂岩的特点是：石英分选得非常好，杂质少，当含铁量高时不能用作玻璃原料。北京房山区的石英砂岩就是含铁量较高的石英砂岩，山西垣曲县的“虎狼山”“西峰山”，忻州的“石人崖”“白马寺山”，中阳县的“柏洼坪”，灵石县的“尽林头”等，都是由石英含量较高的石英砂岩构成，是制造玻璃的好材料。而这些山峰作为观赏景观也是很好的。

↘ 灵璧石

颐和园正门还有大型的灵璧石。灵璧石因产自安徽省灵璧县而得名，有放在园林中的大型摆件，也有放在案台上的小型摆件。灵璧石与太湖石相同，是石灰岩长期遭受侵蚀，形成洞洞相连的象形造型。

✦ 颐和园正门灵璧石

✦ 圆明园中燧石条带石灰岩摆石

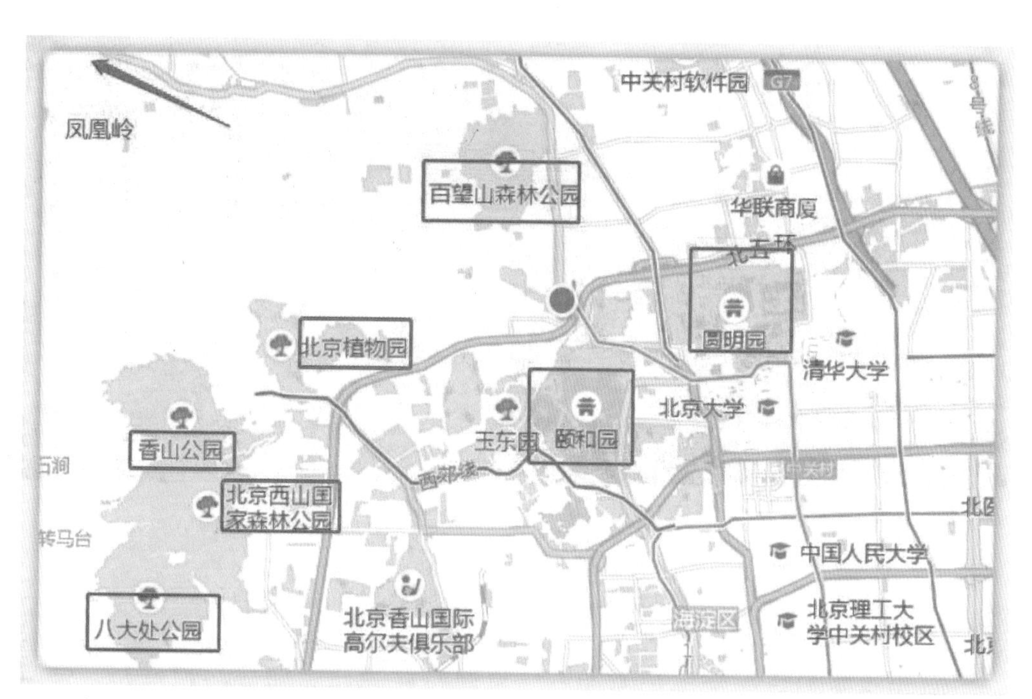

✦ 北京西北郊公园分布地图。颐和园和圆明园都是中国5A级景区，周围还有香山公园、八大处公园、北京西山森林公园、北京植物园，百望山森林公园。北京市区内的北海、景山、天坛等公园也有灵璧石、太湖石、泥质灰岩

让世界震撼的雪浪石

主要内容：造景岩石　雪浪石　雪浪石的分布　雪浪石的成因　混合岩形成的地质公园

↘ 造景岩石

在山体断面上和山谷中，裸露出的岩石在颜色上和纹理上能使旅游者欣赏或联想生活中的场景，这样的岩石就是人们生活中的造景岩石。

✦ 正在安装中的雪浪石（曲阳县瑞泰石材公司）

↘ 雪浪石

河北省曲阳县一带出产雪浪石，雪浪石在宋代时期就是观赏石。定州市“雪浪亭”中，全石晶莹闪亮，横向的黑白相间中显出波纹缕缕，纵向立柱似的凸凹犹如排浪奔腾，整个岩体仿佛浪涌雪沫，颇具动感。中国许多地方出产这种混合岩，有着很强的刚柔并济的立体效果。曲阳至平山一带出产的这种雪浪石，要比泰山彩石溪出露的黑白混合岩更具观赏性。目前，在政府大院、公园和景区门前的大型摆石多是雪浪石。

↘ 雪浪石的分布

在河北省曲阳、行唐、灵寿、平山等地分布着让世界震撼的混合岩。它们

✦ 这8张照片分别拍摄在河北平山西柏坡旅游点、山东临沂蒙阴金刚石矿地质公园、山东郯城县委党校附近交叉路口、内蒙古乌兰察布市察哈尔右翼中旗酒店门前、河北曲阳建材一条街。这些岩石都是来自河北省曲阳、行唐、平山、阜平一带

主要是由深浅两种颜色组成的混合岩，完全的塑形变形，正面直视分辨不出深色的纹路，却有在纵向上的 3D 效应。

↘ 雪浪石的成因

✦ 河北省平山县混合岩

“雪浪石”是一种变质程度较高的变质岩，称之为混合岩或混合岩化变质岩。当岩石处于高温高压的环境（一般指的是这种岩石在地下 60 千米以下的环境）岩石已经由刚性变为塑性。在这种温度高的情况下，岩石发生局部熔融而析出由长英质矿物为主的流体相和难熔的镁铁质矿物为主的残留相，称为暗色岩。不同的温度、压力、含水性条件造就了角砾状、岩球状、细脉网状、条带状、肠状混合岩。浅色体或完全析出产生花岗岩浆上侵，或留在深熔变质岩体内以浅色岩成为混合岩的重要组成部分。由于深熔的程度不同，所形成的混合岩化的岩石也不同，进而在地质剖面表现出不同运动取向、结构和构造、不同的岩石矿物组成等。随着风化剥蚀、开路的断壁、隧道的开凿、采石场剖面，使得我们有机会观察混合岩化的地质现象，从而理解混合岩作用和花岗岩成因的关系。

✦ 河北省平山县孟家湾村混合岩。温度升高到一定的程度，岩石变为塑形，浅色的硅质体熔点较低，发生熔融现象

世界各地有许多岩体剖面，无论是自然裸露出来的还是人工开凿出来的，都是旅行者和地学类学者观察的良好场所。从中国各旅游点的混合岩摆石看

（乌兰察布市察哈尔右翼中旗、山东临沂郯城县、蒙阴金伯利矿博物馆、西柏坡等地）的来源调查看，都来自冀西的采石场，现在这些采石场都是研究混合岩的很好场所。混合岩在世界上分布在巴西南部（Cazeca quarry）、印度西北部（Karakoram）、捷克斯洛伐克（Vanov quarry）、澳大利亚西部等地，都有良好的剖面。

✦ 两种不同颜色岩石代表两期岩浆先后侵入（英国）

✦ 两种岩石形成了彩色山体墙壁（西藏八宿县，卢志摄影）

✦ 褶皱变形岩石：原先水平层理的沉积岩受到严重挤压形成背斜后又倾倒

✦ 不均一风化造成抗风化能力强的坚硬岩石（石英斑岩等）保留下来

↘ 混合岩形成的地质公园

泰山山麓的“彩石溪”公园就是依托黑白相间形成的混合岩建造的，游客称这些精彩的造景岩石为“花石”。在河北省的曲阳、行唐、灵寿、平山等地存在世界罕见的混合岩，在这些地方有许多山谷都是由混合岩化* 岩石组成，可以打造出数个国家地质公园。

✦ 曲阳县胜利桥附近混合岩化溪谷

✦ 曲阳县雪浪石溪谷

✦ 曲阳县胜利桥附近混合岩化溪谷

✦ 宁夏回族自治区固原市恐龙足迹剖面，高 110 米宽 160 米，剖面宏伟震撼，是中小学生课外研学的理想场地。组成剖面的岩石是白垩纪湖相沉积岩（王小兵摄影）

到哪里能捡到奇石

主要内容： 奇石　在哪里可以捡到奇石　加工奇石的方法

↘ 奇石

奇石是全世界艺术和文化爱好者公认的收藏艺术品，英文 Scholar Stone（文化石）比较准确地表达了其内涵，即人们认为石头上的花纹是大自然的浓缩景观。中国人喜爱奇石可以追溯到宋代，宋徽宗喜爱灵璧石。在中国大陆有奇石交易市场，奇石成为交易商品。

✦ 这是作者在加拿大西部落基山麓的小溪中采的一块奇石，画面宽度是实际的 10 厘米，是黑黄相间的沉积岩受到高温塑形的变形挤压，形成微型复式褶皱景观

✦ 落基山脉中处处是美景，宽阔的河谷中有许多磨圆的碧玉石，绿色晶莹剔透，犹如一颗颗玉石

✦ 这是在河北省怀来县水头村山体旁的大块花纹石，打磨出来，别具一格（丁三摄影）

✦ 花纹石，平山县孟家村

✦ 加拿大落基山脉奇石

✦ 落基山脉奇石

↘ 在哪里可以捡到奇石

全世界大多数的奇石都发现在变质岩地区的河床里，但是不排除发现在岩浆岩和沉积岩地区以及发现在废弃矿井巷道旁的裂隙晶洞中（如梅山铁矿）。但是，有褶皱花纹的奇石多发现在变质岩区的冲刷河谷和河床中，如我国三峡地区、河北邯郸磁县的河谷中、加拿大落基山脉菲沙河谷的支流中，在太行山的山体中也能发现花纹石。

✦ 加拿大菲沙河谷支流中有大大小小的被河水冲刷磨圆的奇石

↘ 加工奇石的方法

捡回来的石头容易有风化色即“土色”，没有加工的奇石显得很脏，加工的目的就是要把纹理显露出来并保持新鲜，所以，没有加工的奇石欣赏价值会打折扣。最好的奇石形状是自然造型，人工加工的奇石往往不能体现奇石的自然性。如果不是河床里捡的，山料都需要敲打或切割成型，然后用粗砂纸抛光一定程度后用细砂纸再抛光，最后用布抛光。奇石完成这几个抛光步骤后，再喷上薄薄的清漆，可以达到和保持新鲜面露出的效果。

✦ 这是一块产自湖南桃源地区的奇石，收藏家徐俊先生将其打磨、抛光（徐俊摄影）

✦ 作者在落基山脉河床中寻找奇石（由于水流湍急，大块石头破碎成小块并受到摩擦变成圆形。有水的情况下，寻找奇石相对容易）

致言淘金爱好者

主要内容： 淘洗沙金　沙金的聚集区　什么是狗头金　遵守地区关于河道的规定　淘金爱好者的工具

对沙子的好奇开始于我在加拿大落基山中的旅行，当我踏遍可以走近的大小溪流，清澈明亮的潺潺流水令我激动不已，带我进入了另一个世界，我就在那里发现了许多沙金矿！在 20 世纪 60 ~ 70 年代的中国，地质学家重视对河床重沙矿物的研究，这是因为上游岩体风化出来的矿物组合是有规律的，能够指示距离岩体的远近和岩体矿化指示。但进入 21 世纪用重沙找矿这个方法很少有人采用，如果能加以总结和传承，还是很有实用价值的。

↘ 淘洗沙金

估计读者对沙金会感兴趣。全球黄金生产中很大比例来源于开采沙金。美国和加拿大促进民众淘沙金，但是用非常严格的规定和措施来保护环境，最主要的是从河床中挖掘出的沙子要到远离河道 50 米外的地方淘洗，避免水土流失和破坏环境。在这里，我给淘沙爱好者的一些建言：

沙金在河床中分布是有规律的，它们通常在河流汇入其他相对静止的水体处，如河流入海、入湖以及支流入主流处；河床纵剖面坡度由陡变缓处，一般来说河流中、下游地势较平坦，沉积作用明显；河流的凸岸，由单向环流侵蚀凹岸，其产生的碎屑在凸岸沉积。

在加拿大和美国的西海岸地区有 200 多年的淘金历史，淘金俱乐部、完善的相关法律、各种设计制造的机械设备都较为成熟，如今已经成为一种文化。为了保护环境，加拿大采取专业淘金登记和河道划分，并提供给业余爱好者区段等多种手段，推动这项体育与经济并举的健康运动。进入河道和周围的土壤，都有可能在雨水多的夏季随着河水搬运至下游，这就是水土流失。河道中和河道两旁的堆积物都是水土流失的隐患，在河北省承德市、邯

郸市、邢台市的山区中，作者看到往河道中倾倒垃圾，甚至处理垃圾的加工站将废料堆在河道旁的情况比比皆是。提高国民素质，保护环境任重道远啊。在中国，淘金作为一项兼具经济和体育的健康运动还属于初级阶段，淘金爱好群体刚刚开始形成，各自为战不沟通信息和不注意环境保护等现象时有发生。各地政府应当在制定法律上先行一步，比如规定淘洗地方必须在距离河床 50 米外的地方，这样才能不会加速水土流失。

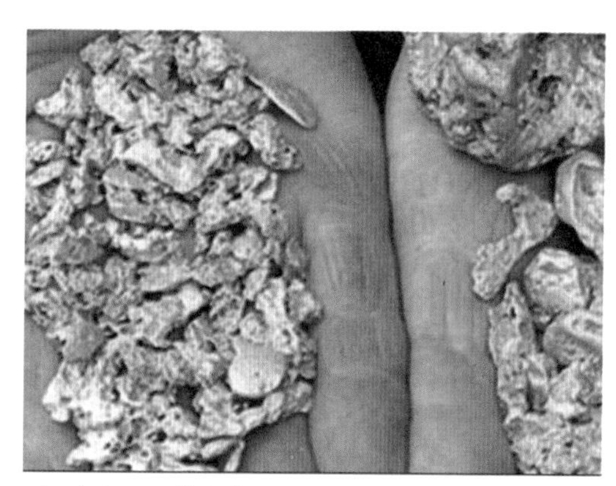
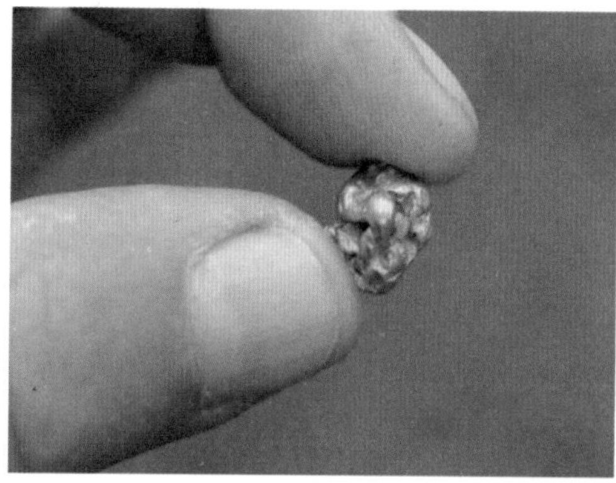

✦ 在源区石英脉中，如果不借助放大镜发现不了金粒。自然金天性聚集，上面图片都是金聚集的结果

↘ 沙金的聚集区

沙金在河床中有富集区和贫瘠区，其原因是原河水流的湍与缓的状况造成了沙金通常在缓区沉淀下来。这里还存在古河道和现代河道的问题，因为河流改道变化是经常的，理解河流改道情况最好的办法是看看“多伦县的闪电河”的卫星照片。

如果你拿到了 10 千米的河道掘金矿权，一定要了解一下宽度是多少，因为古河漫滩往往是过去沙金的沉淀区（如图片中的红圈）。没有分析卫星照片，也就是没有分析河道的演变，是盲目找矿，因为沙金在河床里的分布是极不均匀的。沙金多富集在：河谷或河床由窄变宽的部位、河流急转弯的内侧（水流变缓）、河床由陡变缓的部位、河床基岩或巨砾石的后面、小瀑布的下方、支流汇入主流地段、河床基岩凹陷处或基岩裂隙的地方。

✦ 多伦县的闪电河的卫星照片，红圈为牛轭湖突出部位，容易被忽略的沙金地段

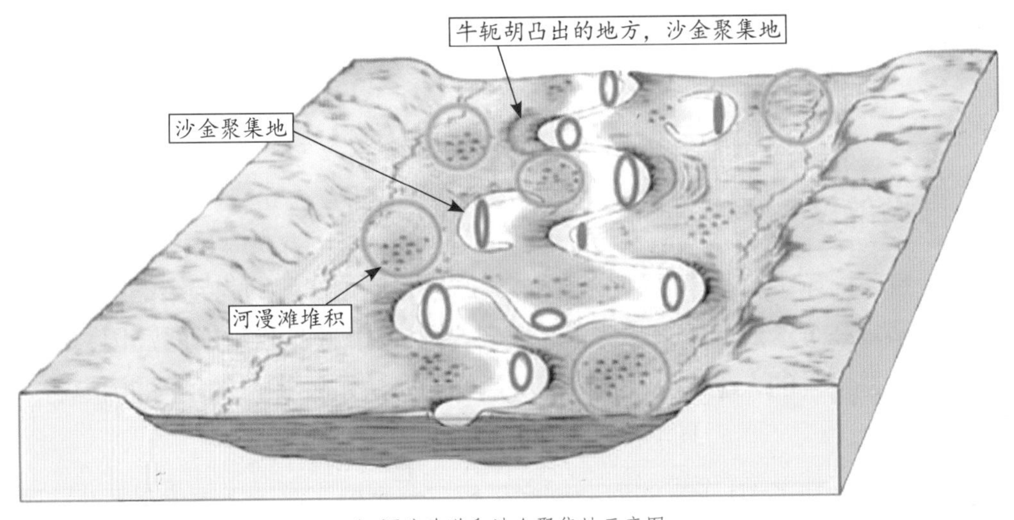

✦ 河流改道和沙金聚集地示意图

↘ 什么是狗头金

狗头金实际上就是大块的金! 金在原先岩石中的颗粒非常小、由于金有聚集的特性 尤其是在河床中容易聚集 形成质地不纯的、颗粒大而形态不规则的块金。它通常由自然金、石英和其他矿物集合而成。有人以其形似狗头 称之为狗头金。说不定你就是那个“一铁锹下去 听到当啷一声响”的人!

↘ 遵守地区关于河道的规定

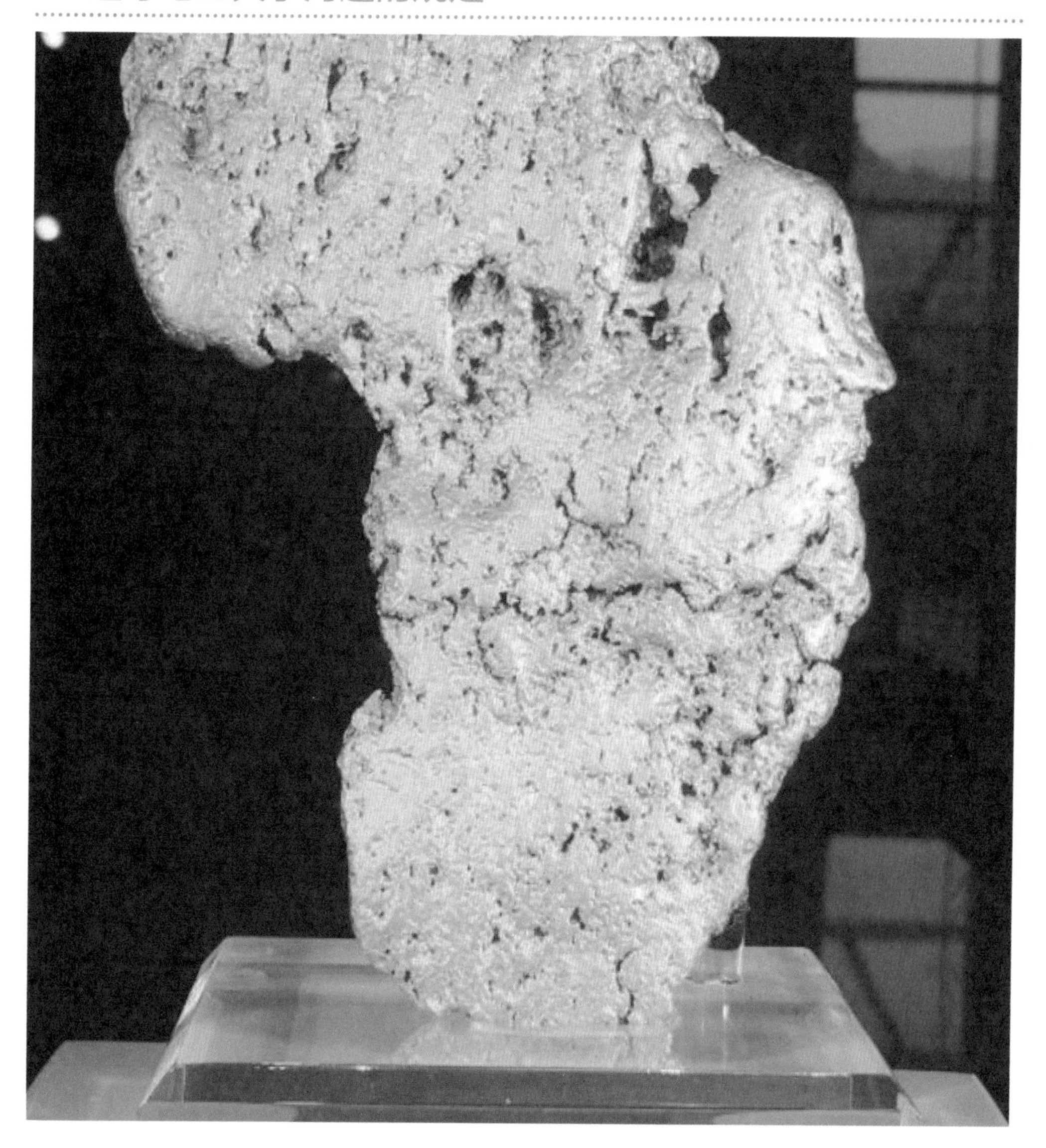

✦ 澳大利亚西南威尔士州产出的狗头金

加拿大落基山脉地区溪流沙金富育，近100多年来关于保护环境又保护个人爱好的权益以及有关公司和个人淘沙金的法规几经修改完善，以不破坏环境为根本前提，进行了详细的制定。其中最主要的规定是：可以在河床里挖掘，但必须在远离河道50米以外的地方冲洗，以防止污染河道。

淘金爱好者的工具

淘金最简单的工具就是淘金盘，各种材料制作的淘金盘都有。将沙金放入盘中，装满水，向一个方向摆动，利用黄金比重大的特点，将比重小的矿物或岩石碎屑甩出，如此反复，留下的就是比重大的黄金。

加拿大有许多民众淘金俱乐部，他们相互之间友善和热诚，彼此互相帮助，并在一起交流淘金的体会，一起研究如何DIY制作机器。

✦ 由左上图按顺时针说明：淘金塑料沙盘，纱网可过滤一些无用的大颗粒石头；金属淘沙盘和沙金；漫画图生动地表示出机器的原理：进料口和水，流水槽，流水槽中的铺垫（收集金粒）；加拿大阿城淘沙爱好者们DIY的各种机器

致言旅行者

主要内容： 旅行者在路上　中国地理上的三大台阶　保墒与降解　城市和农村的现状　什么是可降解物质　旅行让我们共同努力

↘ 旅行者在路上

✦ 加拿大萨省是个内陆环境的干旱省，是风蚀作用强烈的地区，然而地区居民坚持不懈，保护环境

✦ 加拿大阿尔伯塔省农场自然风光

✦ 加拿大 BC 省阿城秋色

✦ 加拿大 BC 省每年 10 月的三文鱼回流

除了气候、地理位置，加拿大人长期注意保护自然。他们的方法非常简单，如粪便回田、降解保墒、保护河道等。

上面图片中加拿大美丽的自然景观是几代人坚持不懈维护的结果。随着中国生态文明建设的推进，“美丽中国”日益深入人心，我们不但需要努力做好日常身边事，作为旅行者在旅行中将可降解的纸屑和粪便挖坑就地掩埋，把不可降解物质（饮料瓶和罐）带回城市回收，其他废品则放入垃圾桶内等，都是我们随时可做的。无论你行走在哪条路上，共创美丽和清洁的自然环境，需要大家共同的努力。

↘ 中国地理上的三大台阶

《风沙淹没北京城》这是 20 世纪 80 年代初北京晚报刊登的一篇文章。40 年过去了，北京的风沙和扬尘有了许多改善，很少出现“白天一阵风，窗台一层土”的情况，但是天天车上披尘仍是事实，冬季的京津冀气候干燥让人难忍，雾霾中浮尘的比例非常大。京津冀在中国地理位置上属于第三台阶，其上为第二台阶，有新疆、青海、甘肃、宁夏、内蒙古、陕西、山西和河北太行山地区。受自然风化的影响，经过一定的地质时期，第二台阶的岩石碎块和土最终是要向京津冀迁移的，这种自然的趋势不可避免。人类所能做到的是用各种办法延缓这种迁移，这其中最重要的是保持土壤中的水分。作者认为简单和容易操作

✦ 目前中国农村和城市没有制定相关植物降解的法律法规，本书作者在山东临沂、河北衡水、太行山区、内蒙古诸多盟和市走访所见，城市将植物当垃圾处理增加了打包和运输费用，农民晚上用树杈烧柴是普遍现象

的方法就是学习和借鉴加拿大的降解保墒做法，还C（碳）元素于自然，树干能利用的利用，不能用的包括根、枝、叶全部粉碎降解。各种有机粪发酵处理回田。

保墒与降解

保墒。“墒”指的是土壤水分，农田的土壤湿度，是我国地理第二台阶省份、北京郊区、河北农民非常关心的一项指标。保墒，在古代文献中也称为“务泽”，就是“经营水分”。例如，在秋收过后，农民用石碾子碾压土壤等手段来尽量把土壤中的水分保存住。墒情的好坏决定了来年庄稼的出苗率。如果第二台阶的甘肃、陕西、内蒙古、山西、河北部分地区都是墒情好的土地，刮风时扬起的浮土少，这自然而然地也就改善了气候，减少了中国东部城市中的雾霾。

“降解”这里就是指缩小，利用机器可以有效地将树叶、树枝、树干、杂草以及向日葵、高粱、玉米的秸秆粉碎成厘米大小，堆积时发生生物作用，最后体积缩小成黑色的有机质土。

城市和农村的现状

目前中国绝大多数城市没有降解植物的专用设备，也没有实施就地降解植物的措施。以中国绿化最好的某城市为例，2018 年 8 月该市一场大风使得不少树杈折断，树枝满地，城市的环卫工人收集树杈装车，不仅树枝装运的效率不高，而且造成交通拥堵和大量垃圾。坐落在北京国防大学门前的红山口路，每年这一成片的绿茵区都有大量的树枝和树叶散落，并没有采用任何降解措施，同样只是收集、打包并运到郊外垃圾场处理，在此过程中增加了运输负担。这样，在城市绿化发展迅速的同时，带来了大量废弃的树叶、树枝和树干，加大了清洁工人的工作量，并且运出城外也给交通带来压力。尽管政府给与农民用煤和天然气许多补贴，但是他们还是认为烧秸秆和树枝最便宜。过去自家用粪便和土堆积的有机肥淘汰了，对见效快无臭味的化肥却大量使用。秸秆和树杈摆放在村街道堆放有碍观瞻，冬天容易着火，夏天蚊蝇滋生。

什么是可降解物质

可降解垃圾的概念在 1991 年就被提出，现今在加拿大已是众所周知，各个城市都有详细的相关规定：可降解物质不能视为垃圾处理。农庄的秸秆和城市的树枝、树杈、树叶、废弃的木料都是可降解物质，用粉碎机把它们粉碎成小的体积。在加拿大，除了把农作物秸秆回收用于秸秆饲料、秸秆发电、秸秆建材等外，一般以就地降解的方式处理返回土地。加拿大农庄，当玉米成熟时农庄主用玉米收割机一边收割一边把玉米秆切碎，切碎的玉米秆作为肥料返到田里。粉碎的秸秆与土壤深耕细作融为一体，有效地起到了土壤保墒的作用。在树木繁多的城市，每年树枝掉落得很多，居民需要就地处理。如果家里没有粉碎机，也可放在城市配发的特定桶里，由城市按时收集和集中降解。降解后的植物，覆盖在裸土上起到保墒和调节城市气候的作用。在加拿大，用粉碎机降解树杈、树枝和树叶已经很普遍，各个城市居民也都自觉执行和维护。

✦ 有专业公司为城市或私家庭院粉碎树干和树枝，有粉碎机的家庭自己粉碎院落的树干、树叶

↘ 旅行让我们共同努力

旅行者知道了什么是可降解物质，旅行中可将它们就地掩埋，而将不可降解物质带回城市放到垃圾桶。实际上，如果每个城市都能理解什么是可降解物质，环卫工人用粉碎机在城市中就地降解处理、堆积成肥，既节省了运输费用又为

✦ 加拿大各个城市都有明确的规定：可降解植物不是垃圾，放入政府发给每户的桶内自然降解成为黑土作为种花草的有机肥，或放入小区规定的收集箱中，粉碎后的植物可覆盖在房前屋后裸露的土壤上或花草、树干周围

城市制造了有机肥。如果我国第二台阶省市和京津冀地区无论是农村还是城市，能借鉴加拿大的这种降解保墒的做法，不仅能改善华北地区的土壤，使土壤中的水分保持住，还能减少风吹扬尘和华北地区的雾霾天气，起到建设美丽环境的效果。

如果我们认识到树枝、树叶、麦秸、果皮等不是垃圾而是可就地降解的变废为宝的物质，不仅能节省这些物质被收集和运出城外的费用，而且还可以就地有效地制造有机肥料，覆盖在裸土和花草植物周围。这样既省去许多费用，又起到土壤保墒的作用，长此以往，可以更加有效地保护自然环境。

总而言之，中国减霾的方法和措施采取了不少，但是利用植物降解保墒，可以大大缓解第二台阶的扬尘向第三台阶移动的趋势。

从地质地理角度来看，我国雾霾天气是由从中国西部下来的大量扬尘与工业和汽车废气排放混合的结果。印度板块和亚洲板块碰撞形成了青藏高原。海拔 4500 米的高原加上新疆和内蒙古的干燥气候 地质风化营力的风、河流、温差等造成岩石破碎 由大变小 从西部高处向东部低处的尘土转移是自然现象是人类阻挡不了的 而我们所能做到的只能是延缓这种趋势。加拿大的降解保墒做法使得其大面积的土地得到美化 其环境评比连年保持世界前列。如果中国各省、市、自治区 尤其是地理位置在第二台阶的新疆、内蒙古、甘肃、宁夏、陕西、山西、河北部分地区因地制宜能够借鉴加拿大的做法 我国雾霾中尘土的比例将会大大降低。

✦ 不同树木碎屑有不同用途

✦ 降解碎屑可以直接覆盖在院子里的裸露土上

✦ 降解碎屑随着堆积时间的不同而产生不同程度的腐植质

✦ 降解碎屑经过较长时间堆积，变为有机肥料，放在树周围

致言宝石和化石收藏爱好者

主要内容：艳丽的矿物晶体　在哪里能发现大型晶体　如何收藏漂亮的晶体　发现了不明晶体或化石怎么办

↘ 艳丽的矿物晶体

一般个体大、颜色艳丽和透明的矿物晶体常为博物馆收藏，主要是萤石、方解石、紫水晶、石英晶簇等。它们都呈现透明、五颜六色、八面体或立方晶体，为地质博物馆收藏和展览会中的首选矿物。

↘ 在哪里能发现大型晶体

美国西部地下深处的矿体巷道中，当在洞穴中发现有宽度超过 1 米的晶体时，探险爱好者都会高兴地欢呼雀跃。毫无疑问，只有在地下矿体中才能发现超过 10 厘米的大型晶体！如在南京郊区的梅山铁矿*矿坑里，有非常漂亮的水晶、方解石、天青石晶体；在承德小寺沟铜钼矿体中，存在四种不同矿物组合的石英岩脉。岩浆岩体在冷凝成岩过程中，最后分异出热液，这些热液不仅仅形成有价值的矿体，而且在构造裂隙中或矿床上方气泡聚集的空洞里充填，这种最晚期的热液容易形成大型矿物晶体。

历史上，许多萤石标本都来自西欧，主要来自英国、法国、西班牙和德国，它们多是从地下热液矿脉中采集的。在欧洲国家中，西班牙生产的萤石是最多的，美国的一些矿山生产了数十万个萤石的精细标本，在伊利诺伊州南部的塌陷岩石周围竟然发现了直径达 1 米的立方体萤石，伊利诺伊州的萤石以其引人注目的萤石颗粒大小不均的垂直分带性*而闻名，呈明亮的黄色和深紫色。此外，中国的一些矿山也大量出产了精致的萤石标本。

如何收藏漂亮的晶体

如果读者有兴趣，可以查询美国和加拿大每年的宝石交易会，交易会已经积累了 30 多年的经验。在交易会上有的矿物标本很便宜，其中美国宝石、矿石、岩石标本交易会最发达，2022 年全年安排有 665 个交易展出会（时间和地点，详见网站：https://xpopress.com/show/country/United%20States）。

✦ 萤石矿物标本

发现了不明晶体或化石怎么办

根据发现宝石和化石的历史记录过程，它们绝大多数都是由非专业人士完成的，这似乎告诉我们"有心栽花"是刻意造作的过程，"无心插柳"乃自然随缘的结果。这句古语"无心插柳柳成荫"描述得很形象。

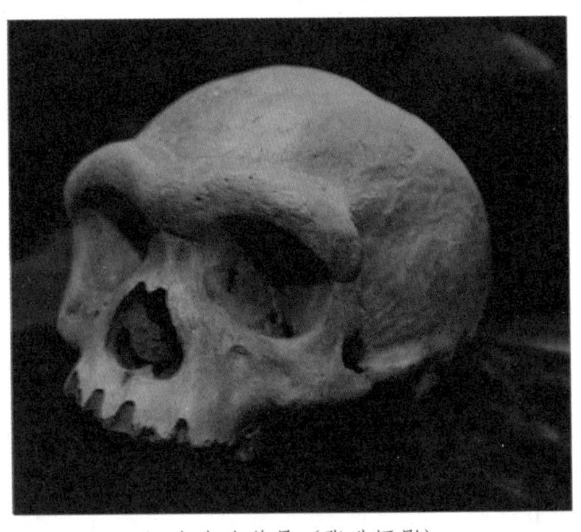

✦ 龙人头盖骨（张欣摄影）

如果意外捡到化石或发现人类头盖骨等，最好不要到市场鉴定公司去鉴定，而是要找专业的地质大学矿物或古生物研究院的专业科学家去鉴定。因为这些专业的科学鉴定比商业上的评估更具可靠性，也更有利于对标本及其相关信息进行综合分析研究，从而给出科学的结论。特别遗憾的是，在山东

省平邑县自然博物馆收藏的大颗粒金刚石，捡拾者至今没有报告发现地点，造成非常有价值的信息丢失。

如果旅行中捡到的是一个不明的透明矿物，最好请专业人士看看，这很有可能为专业人士寻找某些矿物种类提供帮助。所以，欢迎有发现的朋友提供信息，可以先发照片和大致的捡拾位置给本书作者，我会尊重您的意愿。

潘存云兄弟献金刚石和报矿受到奖励

本报讯 中国人民解放军国防科学技术大学学生、共青团员潘存云，把拾到并珍藏十三年之久的一颗金刚石献给了国家，支援祖国的社会主义建设，同时为找金刚石矿提供了重要线索，受到有关部门的奖励。

这是潘存云、潘存华献给国家的一颗金刚石。（省地质局供稿）

这颗天然的金刚石，颜色淡黄，清澈透明，具有强金刚光泽，为八面体与菱形十二面体的聚形。它重十三·五八三克拉（等于二·七一六七克），粒径长轴十五·五毫米，宽十一·三毫米和九·二毫米。在我省获得的金刚石中居第三位。

一九六六年夏天，当时只有十一岁的潘存云和他十三岁的哥哥潘存华，在黔阳县黔城镇附近山上，开挖砾石层中的水铝石（铝矿石的一种）时，发现了一颗在阳光下闪闪发光的矿物，拾回来后，疑是金刚石，一直珍藏在家中。今年八月二十七日，小潘征得父母、哥哥的同意，将这颗金刚石交到了地质部门，献给国家。

为了表彰潘存云同学和他的哥哥潘存华同志报矿的先进事迹，湖南省地质局授予潘存云、潘存华两同志群众报矿积极分子称号，发给奖金五百元和一台电子计算器。中国人民解放军国防科学技术大学政治部对潘存云同学的报矿献宝给予了嘉奖令。授奖大会于一九七九年九月十五日下午在中国人民解放军国防科学技术大学举行。（宋瑞祥、颜为群）

✦ 1966 年的湖南日报（宋瑞祥摄影）

☑ 进一步阅读

梅山铁矿： 位于南京市西善桥镇南部。梅山铁矿是基性辉石闪长玢岩—中性安山岩的富铁矿，矿体形状为透镜状，长 1370 米，宽 824 米，厚 134 米，是以非常细粒的磁铁矿石矿物为主的富矿。在 20 世纪 50 年代被发现后，经过冶金 807 队对矿体进行钻孔揭露后组织开采，至 80 年代停采。当时，整个矿山的建设得到了许多上海青年的大力支援。据本书作者研究，该铁矿与基性岩浆侵入三叠纪青龙群石灰岩有关，是一个典型的岩浆同化沉积岩导致矿化的例子，应当可以分选出贵金属，矿体中分布有许多赋存大晶体矿物岩脉。矿体有许多坍塌地段，没有得到容许，矿物爱好者不要违反矿区规定私自进入矿体区域，以免发生事故。

垂直分带性： 岩石在尚未固结和完全结晶之前，都受到地球引力的控制，在垂直方向产生重矿物和轻矿物分层，这种垂直分带可以发生在岩浆岩、变质岩、沉积岩中。在常见的矿物中，含铁镁元素较高的矿物是相对重的矿物，有橄榄石、辉石、角闪石，因为这些矿物的颜色深，有人称这些矿物为“暗色矿物”；而长石和石英是相对较轻和颜色较浅的矿物，称之为“浅色矿物”。

致言陨石收藏爱好者

主要内容： 陨石　陨石的种类和特征　陨石坑　流星观测日　发现陨石坑有什么意义　为世界陨石科学研究做出中国贡献　在哪里能捡到陨石

喜爱和欣赏大自然的美景是人类生活不可或缺的一部分！当你在大自然中或散步、或旅游，甚至是匆匆而过的惊鸿一瞥，可能都会有惊喜的发现，特别是在了解了相关的知识，满怀探索其中奥秘的期许之后！你或许会无意中捡到各种陨石，这时务必要请专业人士看看，不要因为你的“保密”而失去了这一发现所应有的信息价值和溯源意义。如果你愿意的话，请拍张陨石的照片并说明捡拾的时间和地点，与本书作者联系彼此沟通：chinakimberlite@126.com。

陨石

在太阳系中有许多脱离天体的碎块会撞击地球，这是一个自然现象，也一直是地球科学家研究的课题。来自太阳系以外的绝大部分陨石都被质量大的太阳和木星吸走了。1994 年 7 月 17 日，许多人都观看了小行星与木星相撞事件：编号 SL9 的行星围绕着木星，SL9 在距离木星上空 11 千米时破裂成 21 块碎块，在 130 小时内连续砸向木星，形成了直径 32 千米的陨石坑，并对木星造成直径 3 万千米范围的影响。

陨石的种类和特征

陨石十分复杂，但大多数陨石是石质陨石，石质陨石分为球粒陨石和无球粒陨石；只有约 6% 的陨石是铁陨石或者是岩石和金属的混合物，即石铁陨石。在美国巴林杰陨石坑周围捡拾到的铁陨石在市场上进行交易得不多，被炒的价格很高。

陨石的表面：由于陨石坠落时与大气摩擦，有炽热燃烧后形成的棕黑色痕迹。石铁陨石和铁陨石表面由于淬火形成了表面不均匀的收缩，造成圆形和不规

则的淬火印痕。石陨石中大部分陨石是球粒陨石，占总数的 90%，这些陨石中有许多硅酸盐球体。在球粒陨石的新鲜断裂面上能看到圆形的球粒。石陨石内部含的矿物有橄榄石、方辉石和单斜辉石、铁纹石和陨硫铁，以及少量的斜长石。

由此得知，从陨石表面实际上是不能获得关于所含矿物的任何确凿结论。只有通过专业人士切割“碎块”制作成薄片标本，并对其进行化学分析，从而鉴定其中所含的矿物。

✦ 陨石样品

↘ 陨石坑

通过高倍望远镜和宇宙飞行器传回的照片，我们知道在 40 亿年中月球被陨石砸得面目全非，月球表面布满了陨石坑，金星、水星、火星上也是如此。地球的体量要比这些行星大得多，所以地球被陨石砸的概率应当比月球、金星、水星、火星大得多。目前，每年大约有 1 万到 8 万颗小的陨石袭击地球。陨石通过大气层砸向地球的过程中，有相当一部分小陨石在与大气层的摩擦中熔化了，其他没熔化的约有 75% 掉入了大海，约有 15% 的陨石撞击沙漠或无人区地带。冲入居民集中区的陨石，其中有 8% 因为大气层的保护摩擦烧尽，只有 2% 可能被人类所注意到。有关计算结果显示：平均每年约有 51000 颗陨石，每天有 139 颗陨石落在地球表面！太阳系中质量大的太阳和木星吸走了进入太阳系的绝大部分陨石，但是，许多陨石仍然砸在各个行星上，航天器和天文望远镜拍摄的许多照片证实了这一点。有人统计，在火星上有 75000 个陨石坑，在水星上发现太阳系中最大的陨石坑，也就是卡洛里陨石坑，直径达 1550 千米。

全世界被确认的大陨石坑有南非的弗里德堡（Vredefort）陨石坑，直径为 250 ~ 300 千米，形成在元古代，是目前已知的最古老、最大的陨石坑。墨西哥尤卡坦半岛的希克苏鲁伯（Chicxulub）陨石坑，直径有 198 千米，是 6500 万年前一颗直径为 10 ~ 13 千米的小行星撞击地球而成，被认为是导致恐龙灭绝的原因。位于美国亚利桑那州的巴林杰（Barringer）陨石坑，虽然是直径只有 1.2 千米的小陨石坑，但却是人类最早被认识和商业运作最好的陨石坑。

↘ 流星观测日

流星观测日是为了纪念 1908 年 6 月 30 日一颗陨石袭击西伯利亚造成方圆 40 千米的树木倒伏而设立的。现在，许多国家都把 6 月 30 日这一天设为流星观测日，以推动科学的普及。

↘ 发现陨石坑有什么意义

研究地球上的陨石坑，可使人类更加理解陨石的冲击对地球生命演化的影响，丰富地质学内容、天体中碎块运行规律以及生物演化的科学研究。另外，还可以建立以陨石坑为科普内容的地质公园。在世界范围看，陨石坑从发现到成功地建立地质公园并且赢利的是美国巴林杰陨石坑。该陨石坑的直径是

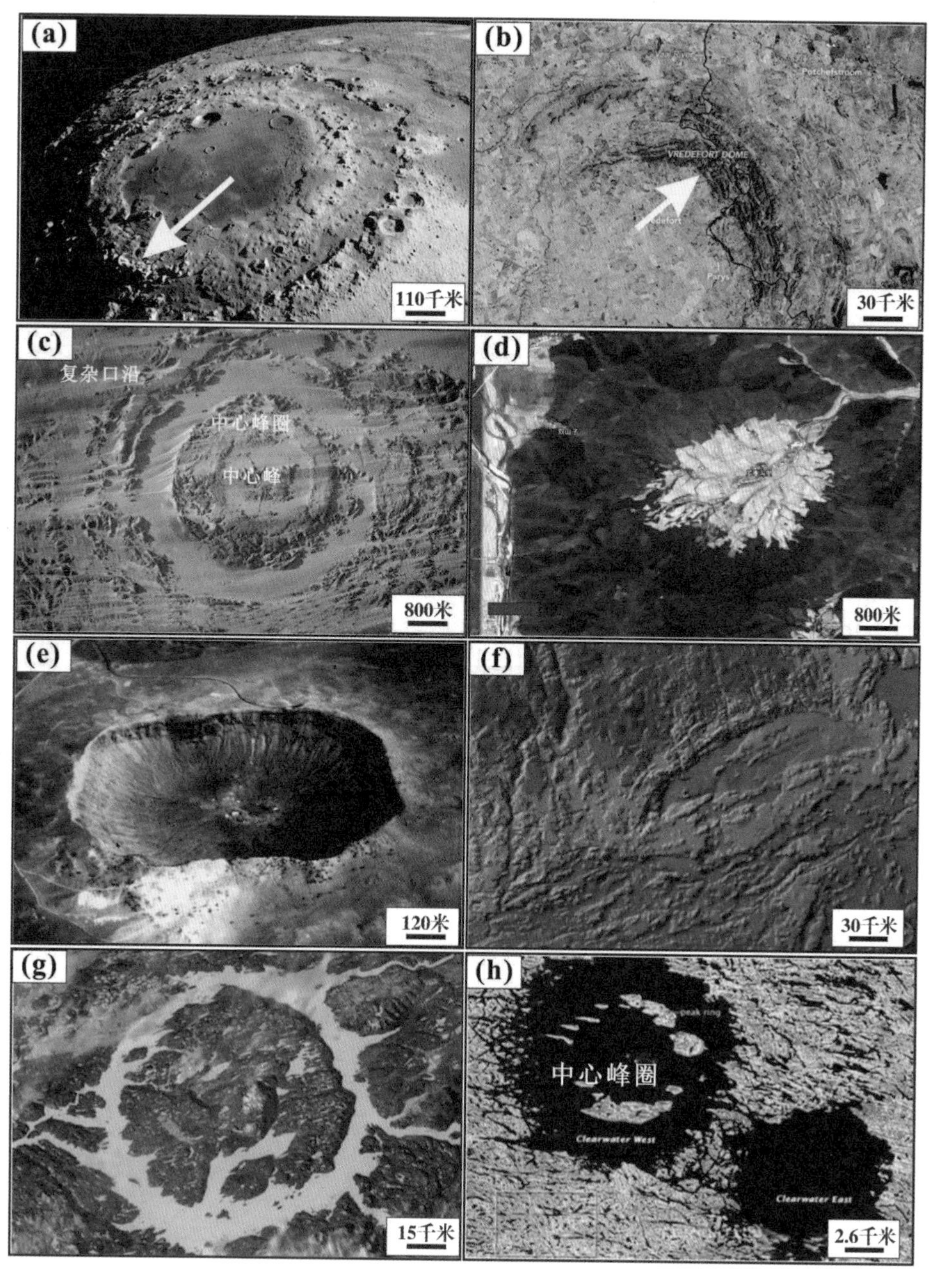

✦ (a) 航天器照片，月球上的最大陨石坑，直径 900 千米；(b) 卫星照片，南非的 Vredefort 陨石坑是地球上目前发现的最大直径约 250 千米和年代最老的陨石坑；(c) 卫星照片，非洲乍得的 Aorounga 陨石坑正在遭受横向风沙的风化；(d) 卫星照片，岫岩陨石坑位于鞍山市岫岩满族自治县苏子沟镇罗圈沟里村；(e) 无人机照片，美国的 Barringer 陨石坑，1.2 千米直径；(f) 卫星照片，加拿大的 Sudbury 陨石坑；(g) 卫星照片，加拿大的 Manicouagan 陨石坑，直径 100 千米；(h) 卫星照片，加拿大的 Clearwater Lakes 姊妹陨石坑

1.2 千米，呈现一个碗状，是大约 5 万年前一块直径 30 米的铁陨石撞击的结果。这个陨石坑得到了很好的保护，并进行成功的商业运营。在过去的 30 多年，巴林杰陨石坑一直吸引着陨石收藏爱好者在其周边捡拾陨石碎块，但现在被保护起来了。

✦ 2021 年 6 月，本书作者在苏尼特右旗境内发现了 2 个相距 200 米、直径 11 米的陨石坑

↘ 为世界陨石科学研究做出中国贡献

由于地球大气圈的保护、板块运动、岩浆溢流、沉积物的掩埋、风化剥蚀、海洋淹没等，人们在地球陆地上发现陨石坑比在火星和月球上要困难得多。1976 年，中国吉林市北郊遭受石陨石袭击，最大的一块陨石重约 1.77 吨，砸出了一个 2 米长 6.5 米深的陨石坑。

全球陨石坑的直径从 200 多千米到不足 1 千米不等。陨石坑的证据有：地貌形态、有无冲击变质岩、岩石中是否存在高温高压矿物和变形结构、陨石坑中心有无重力异常、陨石碎块散落分布区等方面的资料信息。到本书出版为止，加拿大新不伦瑞克大学的《世界行星与空间科学中心》所维护的全球陨石坑数据库仅有 190 个陨石坑。它们主要集中在欧洲、北美、澳洲、南非。中国科学工作者发现的仅有一个辽宁省岫岩陨石坑。如果陨石收藏爱好者能够形成团队，将收集的陨石地点编成陨石分布图，或许有助于科学家发现陨石坑。

↘ 在哪里能捡到陨石

陨石冲过地球大气圈经过摩擦后，虽然燃烧耗尽，但是仍然会在陨石坑附近发现落下的陨石，尤其在小型陨石坑附近能找到陨石的残留物，比如澳大利亚的 Wolfe Creek 陨石坑和美国的 Barringer 陨石坑。相反，在大型陨石坑内却很少找到，这可能与陨石与地面冲撞时高温高压、易于爆炸后蒸发有关。由于南极的冰盖为无土背景，形成了陨石颜色与冰盖白色的强烈对比，在这种情况下相对容易发现陨石。在南极的格罗夫山，我国南极考察队发现了陨石富集区。

新疆地区也发现过许多大块陨石，从阿尔泰地区向南偏东方向形成陨石碎块散落带。

内蒙古自治区巴彦淖尔市北部的狼山和色尔腾山共同组成了一个 320 千米的弧形山体，根据计算得出这个陨石坑的直径为 334 千米，超过了南非的弗里德堡陨石坑，应当是世界上最大的。本书作者对这一陨石坑的证据一直在研究。狼山弧形体的西北部沙漠地，巴音戈壁存在 30 平方千米的陨石碎块散落区，可能陨石碎块分布范围还会更大。锡林郭勒盟的阿巴嘎地区和该盟首府东南郊区

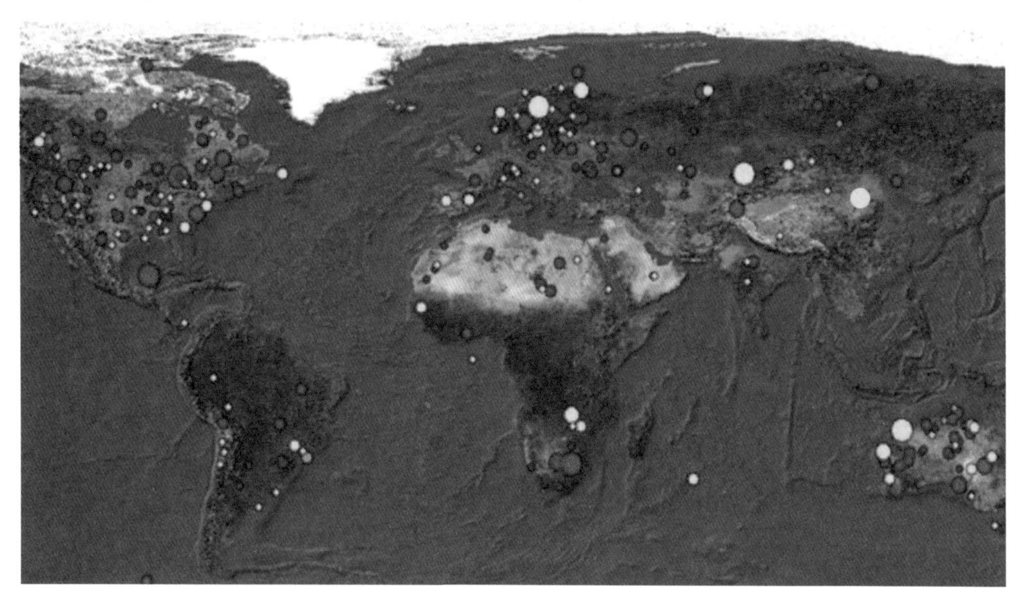

✦ 全球已经认证了 190 个陨石坑（红圈）。包括有待认证的陨石坑（黄圈），集中在美国、加拿大、澳大利亚、欧洲、南非，中国在这方面的研究起步较晚，仅岫岩陨石坑被认证。科学研究表明，全球还有 700 多个陨石坑有待发现。读者可登录“知网”下载《地质论评》中“世界陨石坑研究”文章

都有可能找到陨石碎块。

旅行者要慎入沙漠无人区，并经过足够的训练，绝不能单凭一时的激情。人们生活水平的提高也促进了许多地质爱好者收集残留陨石，丰富了地质学研究的内容。陨石收藏爱好者可以在已经被论证过的辽宁省岫岩满族自治县的岫岩陨石坑周围捡到陨石。发现陨石，集合包括发现地和种类、建立全球数据库、让全世界科学家分享数据，是全球地质科学家和陨石爱好者的责任。当陨石的证据增多时，就会促进陨石分布带的建立，从而确定陨石坑的位置，当然也就推动了陨石坑的研究。

☑ 进一步阅读

以下这些网址含有丰富的陨石坑和陨石信息：

http://www.geology.com

http://cvlesalfabegues.com/search/meteorite-impact

http://craterexplorer.ca/

http://meteoritegallary.com

http://en.m.wikipedia.org

http://meteorite-recon.com

http://canadiangeographic.ca

http://en.m.wikipedia.org

作者的话

2000 年以前的地质学着重地质填图、寻找矿产、岩石鉴定、岩石分类、岩石命名等基础性的地质工作和研究，而建立各种地质学的成因理论还是 2000 年之后的事情。进入网络时代，获取全球研究成果的便捷使各个国家的地质学变成了国际地质学，这使得综合分析地质学各个分支在全球的研究成果成为可能。归纳和集合研究成果使今后的研究立项有了更高的目标。科学的进步就是不断地攀登前人所搭建的梯子，继续向上。本书仅介绍了地质科学的冰山一角，那些吸引人的地质悬案至今萦绕作者的脑中：

寒武纪生命大爆发：地球在无生命的日子里度过了 40 亿年，为什么在 5.4 亿年前，生命突然大爆发？是什么因素聚合成什么条件导致的？

板块运动还是地球胀裂说：魏格纳创立的板块理论完美地解释了南美的凸出大陆恰好与非洲的凹陷大陆相偶合，但是这一理论也存在明显的不足：没有解释陆块为什么会移动，而这正是“地球胀裂说”的证据！为什么同样的化石发现在南极、非洲和南美洲，是不是这些被板块运动说认为是“泛大陆”的陆地边缘曾经是连在一起的？如果真是这样的话，就是说整个地球曾是一个被陆块包裹的较小体积的地球，地球的现状是因为地球膨胀裂解的结果？

世界最大的陨石坑：中国内蒙古的河套平原南沿是黄河坎，北部是狼山—瑟尔腾山，共同组成的一个大型弧形建造，山前有深达 15 千米的沟，北部弧形山带中存在“推覆断层”和地层混乱的状况，鄂尔多斯盆地北部具有地磁异常等，这些都说明一颗 10 ~ 20 千米直径的陨石曾经砸在盆地北部的中心，这有没有可能被论证为世界最大的陨石坑？而这是不是恐龙灭绝的证据呢？

地震预测：地质地震科学家从未准确地预测地震的发生，这是事实。为什么还要投入大量的财力和物力支持这项研究？地质地震科学在预测地震科研方面有哪些科研成果和进步？人类可以预测大的地震发生吗？

火山爆发：全球约有 8 亿人生活在世界活火山周围不到 100 平方千米的范围内，预测火山爆发对人类是个大问题。2022 年伊始，新西兰东北 300

千米的汤加火山爆发唤醒了人们对火山的好奇，人类如何监测火山活动，火山爆发的时间能预测吗？中朝边境上的长白山活火山有可能再度喷发吗？

巨晶：在墨西哥地下 300 米发现的巨大晶体洞穴中有个别晶体居然 12 米长 4 米宽，地下高达 50℃高温 人带着氧气最多也只能工作 10 分钟。这么大的矿物晶体是如何生长的？

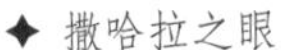

✦ 撒哈拉之眼

✦ 地下 300 米洞穴中的石膏晶体

中国泥河湾古人类化石：2024 年将是泥河湾层命名 100 周年，在泥河湾发现了许多文化遗迹记录的地层 出土了许多古人类所使用的工具 但是始终没有发现古人类头盖骨，甚至连一颗牙齿也没有发现 未来有没有发现古人类头盖骨的可能性？

中国新的地貌：在中国本土命名的地貌有雅丹地貌、丹霞地貌、张家界地貌、岱崮地貌、嶂石岩地貌 这些地貌兼有独特性和观赏性 未来在中国还会有新的地貌被发现吗？

撒哈拉之眼：撒哈拉之眼是世界最热沙漠中一个直径 48 千米的圆形地貌。它由不同深浅的蓝色同心圆组成 从太空看得很清楚。在很长一段时间里 它被认为是一个陨石撞击坑，但是陨石撞击地球都是有一定角度的，撞击地球形成隆起的山体也是不均匀对称的。对现在的人类来说 撒哈拉之眼仍是一个谜。

中国无金刚石矿可采：非洲的博兹瓦纳和南非都是面积较小的国家，为什么那里盛产金刚石？中国幅员辽阔，而且多地有捡拾大颗粒金刚石的记录，但过去 55 年在寻找成矿母岩的探索上始终没有大的突破 在网络技术发展的时代，中国在未来若干年能有突破发现吗？

花岗岩形成的空间问题：超过 1000 立方千米庞大体积的花岗岩的岩基在世界许多地方存在 如中国广西的大容山、安徽的黄山。科学家公认花岗岩中大

颗粒晶体是在稳定的地下环境结晶的，地下有那么大的空间可以容纳大体量的花岗岩浆就位吗？难道，另一种观点“沉积岩就地熔融形成的”。是对的吗？

✦ 世界罕见的条带状花岗岩（石家庄）

恐龙为什么那么大，又突然灭绝？恐龙的个体很大，在南美洲的阿根廷和我国的河南省都发现了巨型恐龙，它们巨大的身躯是我们人类难以想象和惊诧的。在三叠纪—白垩纪时期它们统治地球的海陆空长达 1.6 亿年，空前繁盛，然而令人不解的是在晚白垩世相对较短的地质年代中灭绝。

✦ 恐龙与其他动物和人类比较

致 谢

作者的许多同事、同学和朋友提供并授权使用他们的图片，他们是宋瑞祥、冯闯、徐俊、王小兵、任传玉、张欣、王琼、马宝军、刘育、阎海歌、蔡蕃、丁三、蔡桂芳、林毅、谢建新、卢志、王德纪、孙琦、黄杰，作者在这里表示真挚的感谢！其他未署名的图片均由作者提供。

致谢：责任编辑胡占杰先生倾心细致地修改稿件、作者的小学同学杨珏玲女士润色初稿、河北省科学技术厅外国专家管理处、河北地质大学国际交流合作处、河北省科学技术协会科普创作出版资金项目的支持。

作者：[加]丁毅

联系方式：chinakimberlite@126.com，vwsource@hotmail.com